震后应急救援移动模型与应急通信系统

王小明 编著

清华大学出版社
北京

内 容 简 介

震情发生后，为了最大限度减轻灾害损失，保障人民群众生命财产安全，应急救援人员需要按照一定的模型对灾情现场进行救援。本书以地震应急救援为例，根据受灾程度，提出一种应急救援人员四象限移动模型；设计了一种以能耗、连接节点数、到应急通信车的跳数、到应急通信车的距离四个属性为衡量标准的多属性决策算法。在该模型和算法下，提出一种新的应急通信路由协议，用于地震现场应急通信。同时，对于救援中应急通信网络的安全性进行了研究，主要针对应急救援中的无人机通信的侦听和干扰问题进行了详细阐述。

本书可供应急通信行业和地震行业从业人员以及高等院校的通信和信息专业的师生参考使用。

图书在版编目(CIP)数据

震后应急救援移动模型与应急通信系统/王小明编著. —北京：清华大学出版社，2021.10
ISBN 978-7-302-58957-0

Ⅰ. ①震…　Ⅱ. ①王…　Ⅲ. ①地震灾害—救援—应急通信系统　Ⅳ. ①P315.9 ②TN914

中国版本图书馆 CIP 数据核字(2021)第 166790 号

责任编辑：袁　琦
封面设计：何凤霞
责任校对：王淑云
责任印制：宋　林

出版发行：清华大学出版社
网　　址：http://www.tup.com.cn，http://www.wqbook.com
地　　址：北京清华大学学研大厦 A 座　　**邮　　编**：100084
社 总 机：010-62770175　　**邮　　购**：010-62786544
投稿与读者服务：010-62776969，c-service@tup.tsinghua.edu.cn
质量反馈：010-62772015，zhiliang@tup.tsinghua.edu.cn
印 装 者：保定市中画美凯印刷有限公司
经　　销：全国新华书店
开　　本：185mm×260mm　　**印　　张**：12.5　　**字　　数**：248 千字
版　　次：2021 年 11 月第 1 版　　**印　　次**：2021 年 11 月第1次印刷
定　　价：58.00 元

产品编号：090523-01

前言 FOREWORD

我国位于世界两大地震带——环太平洋地震带与欧亚地震带之间，受太平洋板块、印度板块和菲律宾海板块的挤压，地震断裂带十分活跃。根据国家统计局官方数字，2005—2019年的15年间，我国共发生地震灾害193次，死亡7万余人，直接经济损失达1万多亿元人民币。

一般性地震发生后，地震观测设备集群及其支撑的技术系统能够快速评估灾情，提供辅助决策报告，为地震应急救援提供初步判断依据。救援人员能够依赖地震观测设备集群获取初步的灾情信息，为重点区域救援、救援资源分配提供参考。

破坏性地震发生后，受灾严重区域的基础设施，尤其是通信基础设施（如通信基站等）会完全损坏，导致通信中断，灾区与外界通信受阻，因此在一段时间内，外部无法及时获取灾情信息或者只能获取有限的灾情信息。受灾地区成为信息孤岛，给救灾组织、指挥调度、人员搜救、次生灾害预防等工作造成重大困难。而受灾相对较轻的区域，由于灾区范围内受灾人员急于与外界取得联系，同时，第一时间赶往现场的救灾人员急需将灾情信息传送至后方指挥部，这必将导致通信链路的拥堵甚至中断，严重影响救灾进程，大大增加了救灾的持续时间，严重威胁了受灾人员的生命及财产安全。因此，震后应急通信是灾后救援的重要环节，它能够迅速搭建起灾区内外沟通的桥梁。政府和人民群众在震后对通信的依赖程度显著高于平时。快速部署稳定可靠的震后应急通信系统成为减少灾害损失的一个不可或缺的因素。

例如，2008年5月12日的四川汶川地震以及2010年4月14日的青海玉树地震，震中通信基础设施完全被破坏，相当长的一段时间内外界无法获取震中灾害区域的信息。2011年3月11日，日本当地时间14时46分，日本东北部海域发生里氏9.0级地震并引发海啸，造成重大人员伤亡和财产损失。地震造成日本福岛第一核电站1～4号机组发生核泄漏事故。地震发生之后，通信需求飙升至平时的9倍，150万条电话线路中断，385座通信机房倒塌，90条通信主干线被破坏，日本电报电话局（The Nippon Telegraph and Telephone，NTT）调派6500人参与线路抢修，历时90天基本完成了主要线路的修复，尽管速度已经很快，但在地震发生时，灾区对通信网络恢复的期望时间要求更短。地震灾害发生后，地震现场的通信畅通是拯救受灾人员生命的希望。地震应急救援的首要任务是为先遣救援人员建立相对稳定的通信链路，争取在震后黄金救援的72小时内建立可靠的通信链路。

随着人口基数不断增多，人口密度不断增大，人类受到地震等自然灾害的影响日益严重，作为联系现场与后方的桥梁，地震灾害现场无线自组网技术越来越受到国内外关注。该技术能够及时、有效地为后方指挥部提供现场灾情信息，从而为应急指挥做出快速、准确的决策提供支持。随着自组网系统的发展，无线传感器网络的普遍应用，震后应急通信网络的部署应用成为防震减灾的关键。由于无线固定通信节点的成本较高，覆盖范围有限，并且地震现场供电设施损坏，在不影响救援效率的前提下，我们要最大程度降低救援人员携带的移动通信设备的能耗，并且尽量减少无线固定通信节点的部署。

目前关于灾害现场无线自组网技术的研究和应用很多，但大多过于笼统，尤其针对地震应急现场无线自组网系统的研究过于简单，通过堆积成本来实现一些基本应用，这离实际需求仍有很大差距，远未达到人们所期望的理想水平。国内外对于灾害场景内救援人员移动模型有着广泛的研究，这些研究大多仅仅基于移动模型，未与路由协议联系起来。因此，将地震现场无线自组网技术、移动模型、路由协议3个方面有机结合在一起进行研究具有非常重要的现实意义。

本书正是在上述背景需求下酝酿编著的。作者长期从事无线自组网、无人机通信、地震应急等方面的研究工作，在应急通信网络体系结构、无线传感器网络部署及管理、网络协议开发和性能分析、地震现场无线自组网等领域积累了大量经验。全书研究内容概要如下：

第一，广泛部署的用于地震观测的通信设备集群，承担着持续更新、上传观测到的地震信息的任务，集群内链路的状态是数据传输的关键，本书利用误差比分析方法定义合理的故障告警阈值，从而为集群监控平台提供准确的链路状态判断依据。

第二，地震发生后，灾区群众亟须得到救援，由于各区域受灾程度不同，救援所需的人力、物力也不相同。地震观测设备集群及其支撑的应急技术系统能够快速估算灾区的受灾程度。基于估算结果，本书提出一种救援人员四象限移动模型。仿真结果表明，在灾区数量、受灾程度相同的情况下，该模型能够缩短救援时间，最大限度减少人员伤亡。

第三，考虑到破坏性地震现场通信基础设施严重损坏，现场灾情信息无法及时传送回后方指挥部，因此震后应急通信网络成为信息传输的关键。震后应急通信网络中移动节点部署、路由协议、网络带宽等许多因素都与通信资源的分配息息相关。在灾害场景下，移动节点能耗大大受限，下一跳路由节点的选择也因此与一般情况下的路由选择不同。本书设计了一种多属性决策算法，根据该算法选择最优的下一跳节点，能够达到减少能耗，提高数据包接收率的目的。

第四，随着无线通信技术的发展，用于应急通信的现场无线自组网技术已经非常成熟，但由于无线固定通信节点的成本较高，覆盖范围有限，并且地震现场供电设施损坏，在不影响救援效率的前提下，我们要最大程度降低救援人员携带的移动通信设备的能耗，并且尽量减少无线固定通信节点的部署。震后应急通信网络中的节点具有能量受限、通信高能耗、数据计算低能耗等特点，并且救援人员位置不断发生改变，综合考虑以上因素，本书结合救援人员四象限移动模型和下一跳节点选择算法设计了一种新的路由协议，提高了震后应急通信网络数据传输成功率，降低了端到端延迟。

第五，考虑到破坏性地震发生后，震后应急通信网络成为灾区内外沟通的唯一渠道，其网络性能将对灾区的人员疏散、应急救援起到关键作用。震后由于灾区内外大量的通信需求，势必导致应急通信网络的拥塞，在这种情况下，如果有通信节点无意或恶意地占用应急通信网络带宽资源，将会导致网络拥塞的加剧甚至造成网络瘫痪，从而影响灾区群众的生命安全。作为应急通信网络中机动性较强的通信节点，无人机同样易受到其他非法通信的干扰。为了保障震后应急网络的通信安全，本书提出一种多径衰减信道中低功耗无人机侦听及干扰算法，目的是在各类常见衰减信道中，使合法无人机能够以低功耗的代价最大限度地获取侦听数据包数量。

本书在编写过程中，得到了作者的导师李德敏教授的精心指导，也得到了张光林教授、郭畅博士、张晓露博士的支持和帮助。上海市地震局信息中心信息应急室的各位同事也为本书的编写提供了许多支持和帮助。清华大学出版社相关编辑为本书的出版付出了辛勤的劳动。本书的部分研究成果得到了上海市科委项目(编号：18DZ1200500)、上海佘山地球科学国家野外科学观测研究站重点项目(编号：2020Z04)、中国地震局地震科技星火计划攻关项目(编号：XH21009)的支持。本书的部分内容借鉴了应急通信和信息网络领域相关学者的研究成果。在此，向所有为本书的出版做出贡献的人们表示真诚的感谢！

震后应急通信技术涉及多个学科知识领域，新的技术和方法不断涌现，新的思想和应用层出不穷。除此之外，与震后应急通信及震后应急救援相关的政策法规仍在不断发展和完善之中。由于时间仓促，作者水平有限，书中不足或错误在所难免，敬请读者批评指正。

作　者

2021年9月

目录

CONTENTS

第1章

概述

1.1 应急的相关概念

应急是指当有突发事件发生时，为保护人民生命财产安全，减少人员伤亡和重大次生灾害的威胁，维护社会治安稳定，各级政府需要采取应对措施。应急包括客观和主观两方面内容：客观上，事件是突然发生；主观上，需要紧急处理突然发生的事件。应急的对象为突发事件，应急的范畴包括应急准备、应急监控、应急处置、事后恢复与重建等相关概念。

1.1.1 突发事件

根据我国2007年11月1日起施行的《中华人民共和国突发事件应对法》的规定，突发事件(unexpected event 或 emergency event)是指突然发生，造成或者可能造成严重社会危害，需要采取应急处置措施予以应对的自然灾害、事故灾难、公共卫生事件和社会安全事件。广义上讲，突发事件可被理解为突然发生的事情，即事件发生、发展的速度很快，出乎意料，同时事件难以应对，必须采取非常规方法来处理；狭义上讲，突发事件就是突然发生的重大或敏感事件，简言之，就是天灾人祸。前者即自然灾害，后者如恐怖袭击事件、社会冲突、丑闻包括大量谣言等，专家也称其为“危机事件”。

自然灾害是指由于自然异常变化造成的人员伤亡、财产损失、社会失稳、资源破坏等现象或一系列事件。自然灾害的形成一是要有自然异变作为诱因，二是要有受到损害的人、财产、资源作为承受灾害的客体。中国的自然灾害种类繁多，主要包括干旱、高温、低温、寒潮、洪涝、山洪、台风、龙卷风、火焰龙卷风、冰雹、风雹、霜冻、暴雨、暴雪、冻雨、大雾、大风、结冰、霾、雾霾、地震、海啸、滑坡、泥石流、浮尘、扬沙、沙尘暴、雷电、雷暴、球状闪电、火山喷发等。

事故灾难是指直接由人的生产、生活活动引发的，违反人们意志的、迫使活动暂时或永久停止，并且造成大量的人员伤亡、经济损失或环境污染的意外事件。事故灾难主要包括道路交通事故、煤矿事故、水上事故、非煤矿山事故、公商贸企业事故、火灾事故、铁路交通事故、环境及生态事故等。

公共卫生事件是指已经发生或者可能发生的、对公众健康造成或者可能造成重大损失的事件，主要包括传染病疫情、群体性不明原因疾病、食品安全和职业危害、动物疫情，以及其他严重影响公众健康和生命安全的事件。

社会安全事件一般是重大刑事案件、重特大火灾事件、恐怖袭击事件、涉外突发事件、金融安全事件、规模较大的群体性事件、民族宗教突发群体事件、学校安全事件以及其他社会影响严重的突发性社会安全事件的统称。

上述各类突发事件往往不是独立的，彼此间交叉关联，即某类突发事件可能和其他类别的事件同时发生，或者某类突发事件可能引起其他突发事件，因此遇到突发事件应当具体分析，统筹应对。

按照社会危害程度、影响范围等因素，自然灾害、事故灾难、公共卫生事件分为特别重大（Ⅰ级）、重大（Ⅱ级）、较大（Ⅲ级）和一般（Ⅳ级）四级。社会安全事件由于其特殊性，不进行分级。

近年来突发事件频发，对人类的正常生活造成重大影响，甚至对整个社会造成重大冲击，严重影响了社会稳定。例如，2008 年 5 月 12 日发生的汶川地震[1]，造成灾区大量建筑、公路、铁路、桥梁、隧道等基础设施严重损毁，数十万人伤亡或失踪，直接经济损失 8000 多亿元人民币。2011 年 3 月 11 日，日本发生的 9 级地震引发海啸，造成数万人死亡，海啸还导致福岛第一核电站发生核泄漏，对该地区的生态环境造成重大破坏，经济损失高达 16.9 万亿日元[2]，约合 1.36 万亿元人民币。2019 年底以来的新型冠状病毒，在全球肆虐，截至 2021 年 9 月 8 日，世界卫生组织公布的统计显示，全球新冠肺炎确诊病例达到 2 亿 2164 万余人，死亡近 460 万人。上述各类突发事件对人们的生产和生活造成了重大影响，因此，人们逐步意识到必须在平时建立必要的突发事件应对措施，才能有效减少各类突发事件的影响。

这些突发事件应对措施包括事前应急准备，对突发事件的跟踪监控，事件发生后的应急处置，以及事后的恢复与重建等。

1.1.2 应急准备

针对潜在的突发事件，为迅速、科学、有序地开展应急行动而预先进行的思想准备、组织准备和物资准备，叫作应急准备。应急准备目的是保持突发事件应急救援所需的应急能力和反应能力，防止或减少突发事件对人民生命、财产安全造成的损失。应急准备的内容包括应急体系的建立、相关部门和人员职责的落实、应急预案的编写、应急队伍的组织和衔接、应急物资的准备和保管、应急预案的演练等。

1.1.3 应急监控

应急监控是指通过突发事件信息系统，汇集、储存、分析、传输有关突发事件的信息，并按照国家有关规定向相关部门报送突发事件信息。应急监控包括监测和预警。应急监测是指根据自然灾害、事故灾难和公共卫生事件的种类和特点，建立健全的基础信息数据库，完善监测网络，划分监测区域，确定监测点，明确监测项目，提供必要的设备、设施，配备专职或者兼职人员，对可能发生的突发事件进行监测。应急预警主要是对自然灾害、事故灾难和公共卫生事件进行预警，按照突发事件发生的紧急程度、发展势态和可能造成的危害程度分为一级、二级、三级和四级，分别用红色、橙色、黄色和蓝色标示，一级为最高级别。在我国，预警级别的划分标准由国务院或者国务院确定的部门制定。

1.1.4 应急处置

突发事件发生后，针对其性质、特点和危害程度，组织相关部门，调动应急救援队伍和社会力量，依照应急预案和有关法律、法规、规章的规定采取的处置措施，称为应急处置。应急处置针对的突发事件不同，采取的措施也不同。对于自然灾害、事故灾难或者公共卫生事件，应急处置可以采取的措施包括救治和疏散相关人员、实施交通管制、提供避难场所和生活必需品、抢修基础设施、调用救援物资和力量等；对于社会安全事件，应急处置措施包括隔离相关人员以控制事态发展、限制基础设施使用、限制公共活动、依法调用警力等。

1.1.5 事后恢复与重建

突发事件的威胁和危害得到控制或者消除后，相关部门或人员采取或者继续实施必要措施,防止发生自然灾害、事故灾难、公共卫生事件的次生、衍生事件或者重新引发社会安全事件。突发事件应急处置工作结束后,应当立即组织对突发事件造成的损失进行评估,制定恢复重建计划,组织受影响地区尽快恢复生产、生活、工作和社会秩序。

1.2 地震应急及信息与通信系统

1.2.1 地震应急

为了应对破坏性地震及其次生灾害等这类突发公共事件,各级政府需要采取震前应急准备、预警应急防范和震后应急指挥与救灾抢险等应急活动,尽可能地保护和挽救人民生命财产,减少人员伤亡和重大次生灾害威胁,维护社会稳定,这就是地震应急。

地震属于突发公共事件中的自然灾害事件,与其他类型的自然灾害事件相比,地震灾害有其显著特点,见表1-1。

表1-1 不同类型自然灾害特点

灾害种类	发生时间	持续时间	发生地点	影响范围	发生频率	能否预测	有无次生灾害
洪涝灾害	主要发生在雨季	几天至数周	江河湖海附近、多雨地区	较大	较低,相对固定	能	有
森林火灾	主要发生在相对干燥的季节	几天至数月	森林	较大	较低,不固定	不能	无
地质灾害	主要发生在雨季	几分钟至数天	山体、丘陵附近	较小	较低,不固定	能	有
地震灾害	不确定	几分钟至数月	不确定	较大	较低,不固定	不能	有

从表1-1中可以看出,地震灾害事件有如下特点:

(1) 发生时间不确定,一年内任何一天都有可能发生。

(2) 发生地点不确定,国内每寸土地都可能成为震中。

(3) 可以进行地震监测,但是无法准确预报地震发生时刻和地点。

(4) 影响范围很大。6.0级地震影响面积可以达到6000～8000km^2,需要救援的地点可能达到几十个;8.0级地震影响面积甚至超过10万km^2,需要救援的地点可能达到上万个,应急指挥和救援的压力远远超过其他类型的自然灾害。

(5) 发生频率较低。根据中国地震台网中心的数据统计[3],2005—2019年,我国共计发生过38次6.0级以上地震,平均每年2～3次。

2012 年国务院发布的《国家地震应急预案》规定：地震灾害分为特别重大、重大、较大、一般四个等级：特别重大地震灾害是指造成 300 人以上死亡（含失踪），或者直接经济损失占地震发生地省（区、市）上年国内生产总值 1%以上的地震灾害；重大地震灾害是指造成 50 人以上、300 人以下死亡（含失踪）或者造成严重经济损失的地震灾害；较大地震灾害是指造成 10 人以上、50 人以下死亡（含失踪）或者造成较重经济损失的地震灾害；一般地震灾害是指造成 10 人以下死亡（含失踪）或者造成一定经济损失的地震灾害。

地震灾害应急响应相应分为Ⅰ级、Ⅱ级、Ⅲ级和Ⅳ级，分别与特别重大、重大、较大、一般等四类地震灾害相对应。地震发生在边疆地区、少数民族聚居地区和其他特殊地区，可根据需要适当提高响应级别。地震应急响应启动后，可视灾情及其发展情况对响应级别及时进行相应调整，避免响应不足或响应过度。

1.2.2 地震信息系统

地震信息系统涵盖地震行业各类业务，例如地震预报、地震监测、地震预警、地震应急等。

地震预报是指在地震发生前，对未来地震的震级、时间、地点进行预测，并及时告知公众，以便大家做好预防工作，减少人员伤亡和财产损失。地震预报依靠地震观测设备对地球物理场进行监测，得到仪器观测数据。一些未经科学实验证实的宏观异常观测，如动物对地震的提前感知能力等，仅仅作为地震预报的辅助性手段。目前地震预报仅在我国、日本等少数国家进行，尽管取得了一些成绩，但总体的可操作性、应用性很差，目前仍属于世界难题。

地震监测是对地震活动的监视、测量，主要使用的仪器是地震计。地震计将地震以波形的形式输出。地震计被安放在地震台，多个地震台组成地震台网，将地震计记录的波形进行汇集计算，得到发震时间、发震地点、震级、震源深度等参数。

地震预警的原理是利用地震波中的纵波、横波与面波的传播速度不同的现象，即纵波的速度比横波、面波快，因而可以率先捕获到，而横波、面波的破坏力比纵波大，因此利用地震观测设备，在捕获到纵波信号后，快速得出地震参数，在破坏力较强的横波和面波到达之前发布警报，提醒相关人员采取紧急避震措施，从而减少地震带来的灾害损失。

地震应急是指为了应对破坏性地震及其次生灾害，各级政府采取的震前应急准备、预警应急防范和震后应急指挥与救灾抢险等应急活动。地震应急流程是由地震应急预案规定的，后者专门为应对地震灾害而编制。地震应急预案规定了地震发生后的指挥权利等问题，针对不同震级采取的应急响应级别不同。

地震信息系统主要包括地震观测设备、中心业务处理系统等，每类信息系统各司其职，发挥自身应有的作用。地震观测设备分地震监测、强震监测、前兆监测等设备。其中，地震监测和强震监测设备主要为数据采集器；前兆监测设备包括数字水位仪、竖直摆钻孔倾斜仪、水温仪、气象三要素观测仪、分量式钻孔应变仪、石英伸缩仪、相对重力仪、水管倾斜仪、雨量气温气压观测仪、垂直摆倾斜仪、磁通门磁力仪、质子适量磁力仪、地电场仪、水氡、体积式钻孔应变仪等。

地震观测设备的功能主要是对地震前兆、发震时间、震中位置、地震强度等因素进行观测，元数据能够在第一时间汇聚到中心业务处理系统，后者进行元数据的分析处理，产出解析后的地震震情信息，供相关人员进行震情评估。震情快速评估系统在短时间内给出结果，包括地震影响范围、人员伤亡预估、救援力量需求评估等，评估结果能够影响指挥人员的震后应急决策判断。

地震信息系统的逻辑结构见图 1-1。

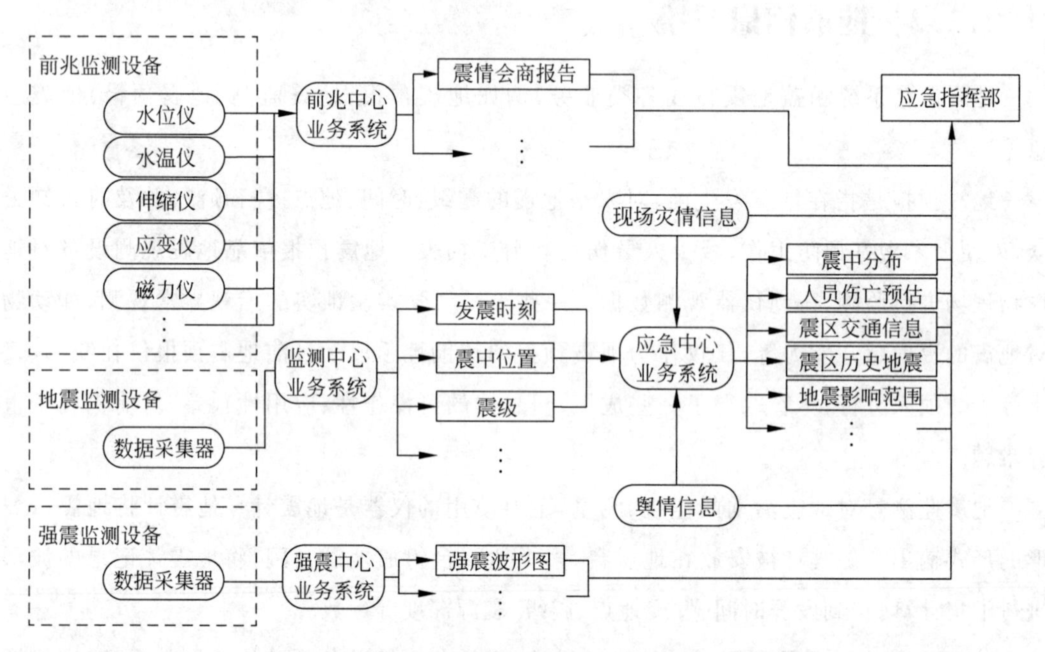

图 1-1 地震信息系统逻辑结构图

典型的地震信息系统如图 1-2 所示，这是一个地震应急智慧服务系统，能够在震后为政府和专业人员提供辅助决策报告。震情发生后，根据震级、震中经纬度、震源深度等要素，系统能够快速计算出震害评估结果，包括震区地震影响场分布、人口分布、医院学校分布、人员伤亡预估、救援路线建议等内容。指挥者参考计算结果，做出科学合理的应急救援决策。

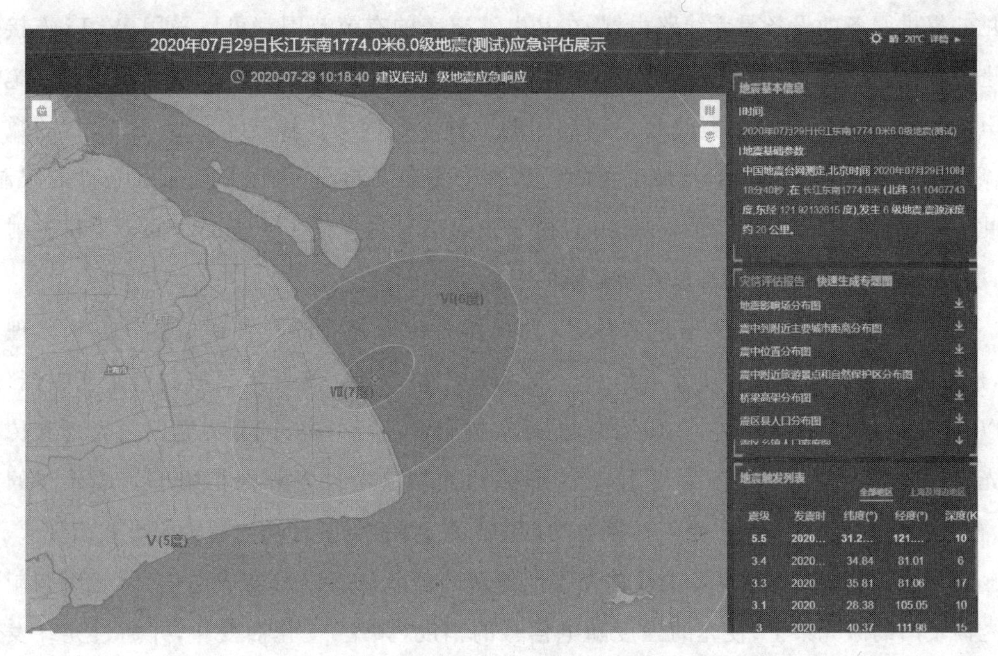

图 1-2 地震应急智慧服务系统

1.2.3 地震通信系统

地震通信系统主要用于各类地震信息的传输。按照来源分类,地震信息包括仪器监测信息、业务应用信息、现场灾情反馈信息、公众舆情信息、应急指挥及救援信息等;按照信号传输链路划分,地震通信系统一般包括移动基站通信、Wi-Fi 通信、光纤通信、微波通信等。

移动基站是无线电台站的一种形式,是指在一定的无线电覆盖区中,通过移动通信交换中心,与移动终端之间进行信息传递的无线电收发信电台。简单来说,基站用来保证在移动的过程中手机等移动设备可以随时随地保持有信号,可以保证通话以及收发信息等需求。基站的物理结构由基带模块和射频模块两大部分组成。基带模块主要是完成基带的调制与解调、无线资源的分配、呼叫处理、功率控制与软切换等功能。射频模块主要是完成空中射频信道和基带数字信道之间的转换,以及射频信道的放大、收发等功能。传统的移动基站支持 2G、3G 和 4G 网络通信。随着科技的不断进步,人类对移动基站通信的需求日益增大,这就需要更大的移动宽带、更低的传输延迟、更丰富的通信类业务应用。5G 基站应时而生,满足了用户日益增长的高带宽、低延迟、多应用的移动基站通信需求,并具有更大的组网灵活性和可扩展性。

Wi-Fi 通信是目前人们生活中最常见的无线通信方式之一。Wi-Fi 又称作"移动热点",是一个基于于 IEEE 802.11 标准创建的无线局域网技术。Wi-Fi 通过无线电波来联网,最常见的提供服务的设备是无线路由器,在其电波覆盖的有效范围都可以采用 Wi-Fi 连接方式进行联网。通过 Wi-Fi 无线网络上网即为无线上网,几乎所有智能手机、平板电脑和笔记本电脑都支持 Wi-Fi 上网,是当今使用最广的一种无线网络传输技术。Wi-Fi 通信的数据传输速度可以达到 54Mb/s,其最主要的优势在于不需要布线,可以不受布线条件的限制,因此非常适合移动办公用户的需要,并且由于发射信号功率低于 100mW,低于手机发射功率,所以 Wi-Fi 上网相对也是最安全健康的。

光纤通信是以光波作为信息载体,以光纤作为传输媒介的一种通信方式。从原理上看,构成光纤通信的基本物质要素是光纤、光源和光检测器。光纤除了按制造工艺、材料组成以及光学特性进行分类外,在应用中,光纤常按用途进行分类,可分为通信用光纤和传感用光纤。传输介质光纤又分为通用与专用两种,而功能器件光纤则指用于完成光波的放大、整形、分频、倍频、调制以及光振荡等功能的光纤,并常以某种功能器件的形式出现。

光纤通信的原理是:在发送端首先要把传送的信息(如话音)变成电信号,然后调制到激光器发出的激光束上,使光的强度随电信号的幅度(频率)变化而变化,并通过光纤发送出去;在接收端,检测器收到光信号后把它变换成电信号,经解调后恢复原信息。因此,要实现光纤通信,需要一对光电/电光转换器和光纤,如图 1-3 所示。

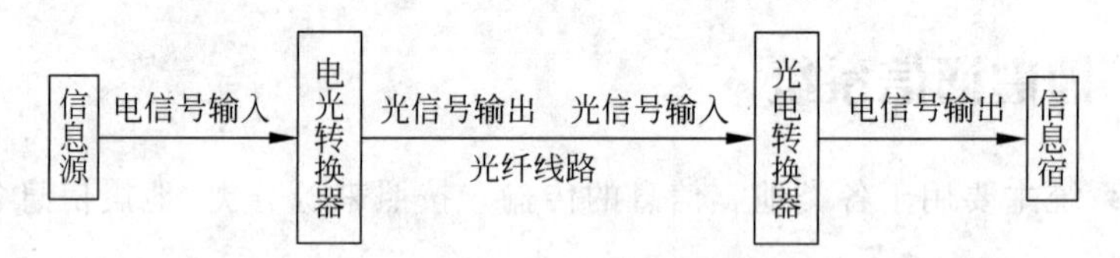

图 1-3　光纤通信架构

微波通信是使用波长为 0.1mm～1m 的电磁波(微波)进行的通信。该波长段电磁波所对应的频率范围是 300MHz～3000GHz。广义上讲,微波通信包括地面微波接力通信、对流层散射通信、卫星通信、空间通信及工作于微波频段的移动通信。狭义的微波通信则特指地面微波接力通信,实际在通信行业提到微波通信都专指地面微波接力通信。

卫星通信简单地说就是地球上(包括地面和低层大气中)的无线电通信站间利用卫星作为中继而进行的通信。卫星通信系统由卫星和地球站两部分组成。卫星通信的特点是:通信范围大;只要在卫星发射的电波所覆盖的范围内,任何两点之间都可进行通信;不易受陆地灾害的影响(可靠性高);只要设置地球站,电路即可开通(开通电路迅速);同时可在多处接收,能经济地实现广播、多址通信(多址特点);电路设置非常灵活,可随时分散过于集中的话务量;同一信道可用于不同方向或不同区间(多址连接)。破坏性地震发生后,灾区原有的通信基础设施网络可能被部分或完全破坏,导致灾区内部无法与外界联系,卫星通信成为灾区与外界联系的最佳选择之一。我国 2020 年 7 月 31 日正式开通了北斗三号全球卫星导航系统,可在全球范围内全天候、全天时为各类用户提供高精度、高可靠定位、导航、授时服务。

地面微波接力通信主要靠地面视距接力站转换信号来实现远距离通信，又称微波中继。由于微波的频率极高，波长又很短，其在空中的传播特性与光波相近，也就是直线前进，遇到阻挡就被反射或被阻断，因此微波通信的主要方式是视距通信，超过视距以后需要接力站转发。这些接力站把接收到的微波信号经一定处理后再转发到下一个接力站。接力站的数目根据微波通信电路的全程长度而定，一般全程可为900km至几千千米。微波接力通信与短波、米波通信相比，具有通信频带宽，传输容量大，能容纳宽带信号，传输质量好，外界干扰小等优点；与地下电缆通信相比，建设投资和维护费用较少，施工周期较短，便于维护。因此，这种方式适用于中等距离或远距离通信，尤其适用于自然条件不利或遭受自然灾害的地区的通信。

1.3 地震应急救援移动模型

地震发生后，针对其破坏程度，政府或民间相关部门和组织调动应急救援队伍和社会力量，对地震现场受灾人员进行救助。为了达到最佳的救援效果，对于不同的受灾情况和救援力量，救援人员需要按照一定的轨迹或路径进行救援，这就是救援移动模型。按照救援人员的数量来分，地震应急救援模型分为单个节点移动模型和组移动模型。

1.3.1 单个节点移动模型

爱因斯坦在1926年首次提出了随机游走(random walk)移动模型[4]。自然界中的很多实体运动无法预测，可以用随机游走模型来模仿这些运动[5]。在该运动模型下，移动节点随机选择一个移动方向和速度，从当前位置移动到新的位置。新的移动方向和速度分别从预先定义好的[最小移动速度，最大移动速度]以及[0，2π]中选取，每次运动时间和距离常量分别为t和d，节点遇到边界时，根据来时的角度反弹回去。

图1-4、图1-5分别为单个节点在特定区域内的随机游走移动模型[6]，图1-4为固定时间间隔周期后节点重新随机选择移动方向和速度，图1-5为固定距离长度后节点重新选择随机移动方向和速度。随机游走模型的特点是节点无记忆，不切实际的运动会导致突然停止或急剧转向。

随机路点(random waypoint)移动模型中，节点会有固定的停留时间，之后节点会选择随机方向和速度继续移动，新的移动方向和速度分别从预先定义好的[最小移动速度，最大

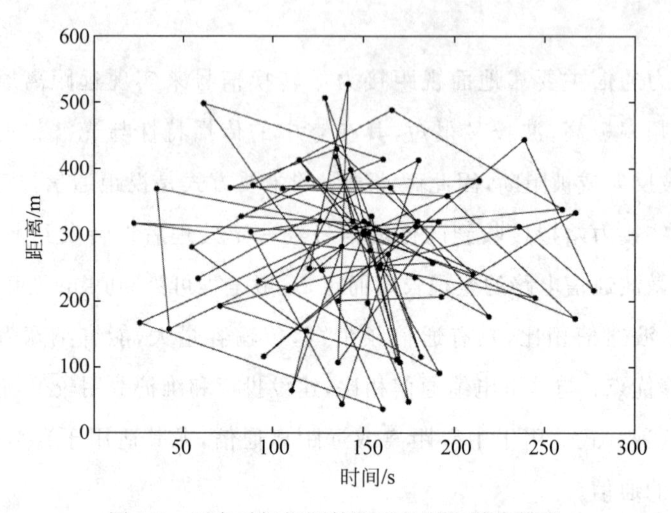

图 1-4 固定时间间隔情况下的随机游走模型

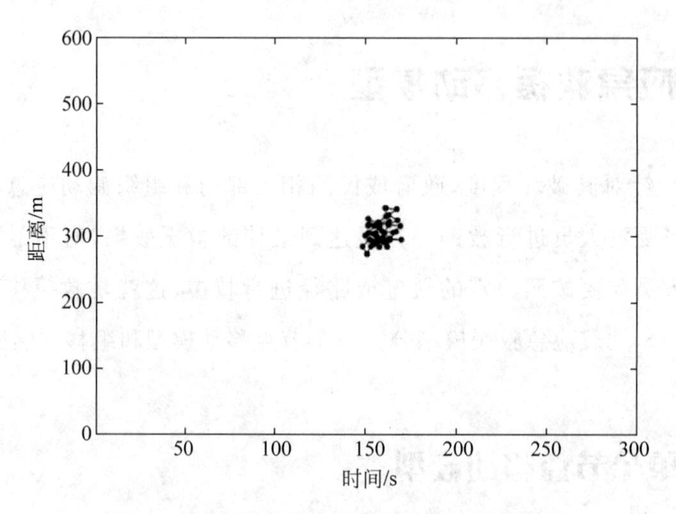

图 1-5 固定距离长度情况下的随机游走模型

移动速度]以及[0,2π]中选取,与随机游走移动模型类似。当随机路点移动模型选取的节点停留时间为 0 时,就变成了随机游走模型。图 1-6 为单个节点的随机路点移动模型[6]。随机路点移动模型的特点是节点无记忆,节点运动会导致急剧转向,并且有停留时间。

由于随机路点移动模型容易产生密度波[7],所有移动节点有向区域中心移动的倾向性,为了解决这一问题,随机方向采用类似随机游走方式,移动节点任意选择一个方向一直移动到达边界,停止一段时间之后,选择 0°～180°之间的角度继续运动。与其他模型相比,该模型数据包平均传输跳数更高,更容易使网络分割。图 1-7 为随机方向移动模型下节点移动轨迹[7]。

在无边界区域(boundless simulation area)移动模型中,移动节点之前的移动速度和方向与当前移动速度和方向存在如下关系[8]:

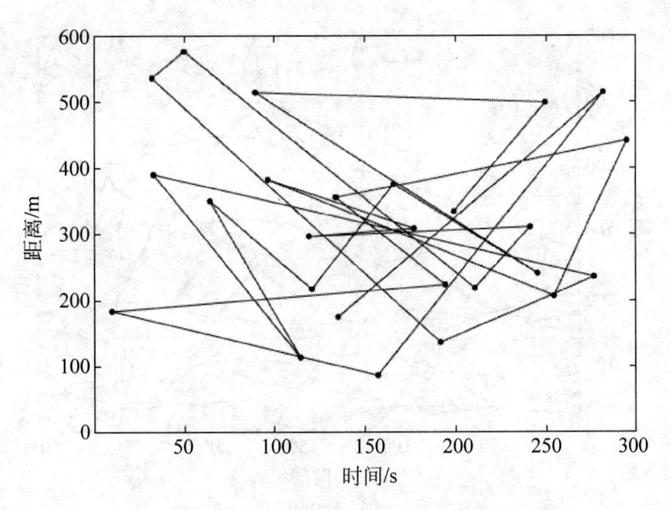

图 1-6 单节点随机路点移动模型

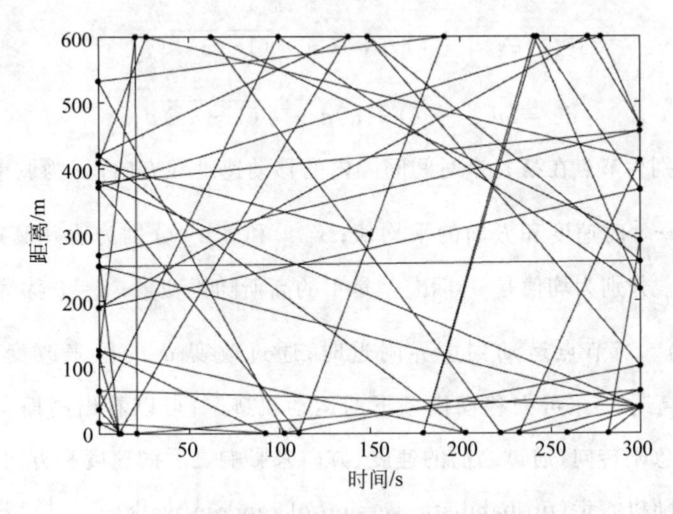

图 1-7 随机方向移动模型下节点移动轨迹

$$v(t+\Delta t)=\min[\max(v(t)+\Delta v,0),V_{\max}] \tag{1-1}$$

$$\theta(t+\Delta t)=\theta(t)+\Delta\theta \tag{1-2}$$

$$x(t+\Delta t)=x(t)+v(t)\cos\theta(t) \tag{1-3}$$

$$y(t+\Delta t)=y(t)+v(t)\sin\theta(t) \tag{1-4}$$

其中,$V_{\max}$ 为移动节点最大速度；t 为当前时刻；$\Delta v\in[-A_{\max}\Delta t,A_{\max}\Delta t]$,$A_{\max}$ 为移动节点最大加速度；$\Delta\theta\in[-\alpha\Delta t,\alpha\Delta t]$,$\alpha$ 为移动节点最大角度变化。图 1-8 为节点在无边界区域移动模型下的运动轨迹[8]。

高斯-马尔可夫(Gauss-Markov)移动模型最早在个人通信服务网络中提出,用于个人通信服务的仿真[9],之后高斯-马尔可夫移动模型被用于车载自组网的仿真[10]。在该模型下,节点第 n 个运动轨迹由其前一个运动轨迹决定,具体公式如下[10]：

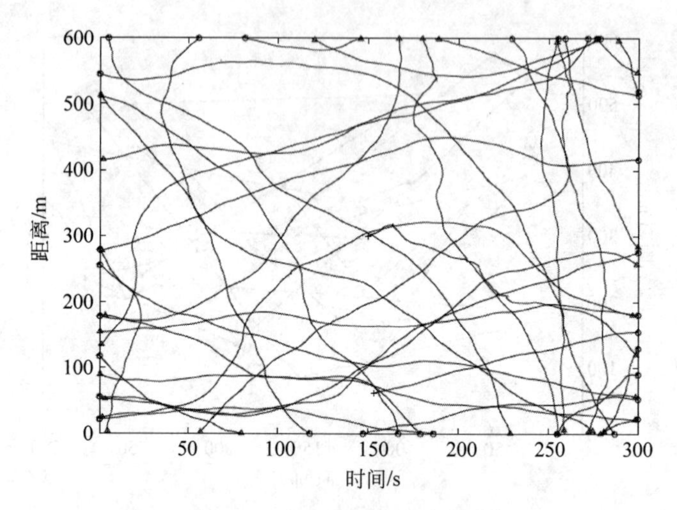

图 1-8　无边界区域移动模型

$$s_n = \alpha s_{n-1} + (1-\alpha)\bar{s} + \sqrt{(1-\alpha^2)}\, s_{x_{n-1}} \tag{1-5}$$

$$d_n = \alpha d_{n-1} + (1-\alpha)\bar{d} + \sqrt{(1-\alpha^2)}\, d_{x_{n-1}} \tag{1-6}$$

其中，s_n 和 d_n 分别为节点在第 n 个时间间隔内的移动速度和方向；α 为调谐参数，$0 \leqslant \alpha \leqslant 1$；$\bar{s}$ 和 $\bar{d}$ 分别为 $n \to \infty$ 时速度和方向的平均值；s_{n-1} 和 d_{n-1} 分别为服从高斯分布的随机变量；$s_{x_{n-1}}$ 和 $d_{x_{n-1}}$ 分别为均值是 0，标准差是 1 的高斯随机变量；$\alpha=0$ 为完全的随机运动，$\alpha=1$ 为线性运动。当节点运动到边界附近时，通过改变 $\bar{d}$ 的值来改变节点运动方向。图 1-9 为节点在高斯-马尔可夫移动模型下的运动轨迹[6]，可以看出高斯-马尔可夫模型去除了突然停止和急剧转向，通过之前的速度、方向来影响之后的速度和方向。

基于概率的随机游走（probabilistic version of random walk）移动模型使用概率矩阵定

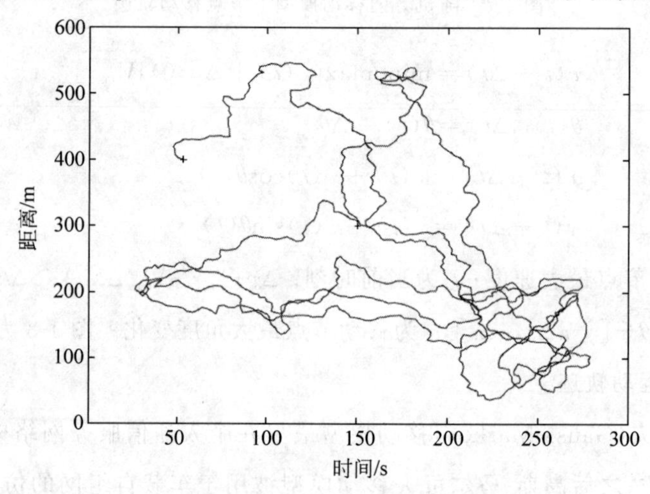

图 1-9　高斯-马尔可夫移动模型

义移动节点下一步移动位置。0代表当前位置，1代表之前位置，2代表下一步位置。$P(a,b)$代表移动节点从状态a到状态b的概率，见概率矩阵公式(1-7)：

$$\boldsymbol{p}=\begin{bmatrix} P(0,0) & P(0,1) & P(0,2) \\ P(1,0) & P(1,1) & P(1,2) \\ P(2,0) & P(2,1) & P(2,2) \end{bmatrix} \tag{1-7}$$

城区(city section)移动模型以城市街道为路网背景[6]，对移动节点的移动方向和速度进行了进一步限制，更符合实际情况。图1-10展示了城区移动模型的一个例子[6]。

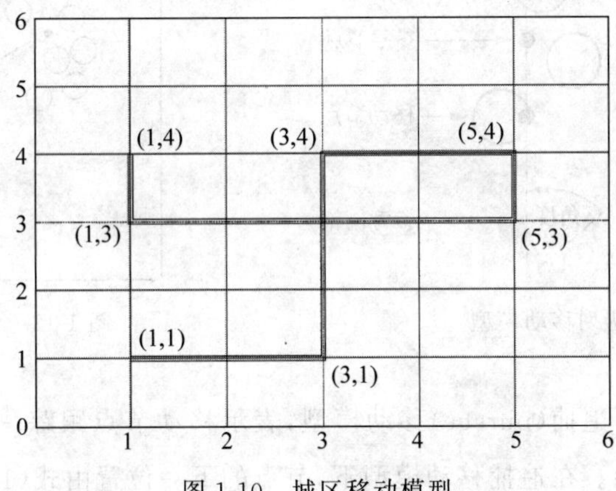

图1-10　城区移动模型

图1-10中，中央的两条道路为主干道，行车速度最快，车辆沿轨迹(1,1)→(5,4)→(1,4)运行时行车距离最短，用时最短。

1.3.2　组移动模型

指数相关随机移动模型(exponential correlated random mobility model)给出了如下的定义[11]：

$$b(t+1)=b(t)\mathrm{e}^{-\frac{1}{\tau}}+\left(\delta\sqrt{1-(\mathrm{e}^{-\frac{1}{\tau}})^{2}}\right)r \tag{1-8}$$

其中，τ用来修正节点之前位置到现在位置的变化程度；r为方差，是σ的随机高斯变量；t为当前时刻。该模型有很大的局限性，因为在实际中，(τ,σ)很难确定。

队列移动(column mobility)模型主要应用于扫描和搜索[12]。在该模型下，所有移动节点在参考节点周围随机移动，新的参考节点的新位置计算公式(1-9)定义如下[13]：

$$new\_reference\_point=old\_reference\_point+advance\_vector \tag{1-9}$$

其中，$advance_vector$为预先定义的偏移量，决定了参考节点的随机移动距离和随机移动角度(图1-11)。

就像古代游牧民族一样，游牧社区(nomadic community)移动模型指移动节点一起从一个区域移动到另一个区域[4,11]，见图 1-12[4,12]。游牧社区移动模型与队列移动模型的区别在于，前者是多个移动节点共享一个参考节点，而后者是每个移动节点有自己的参考节点，所有参考节点在一条线上。

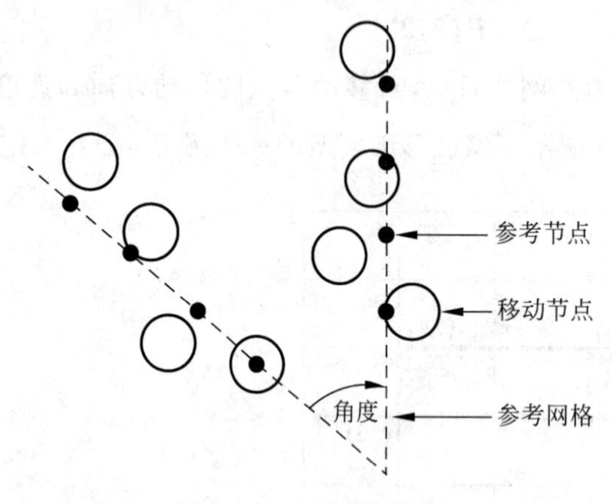

图 1-11 队列移动模型

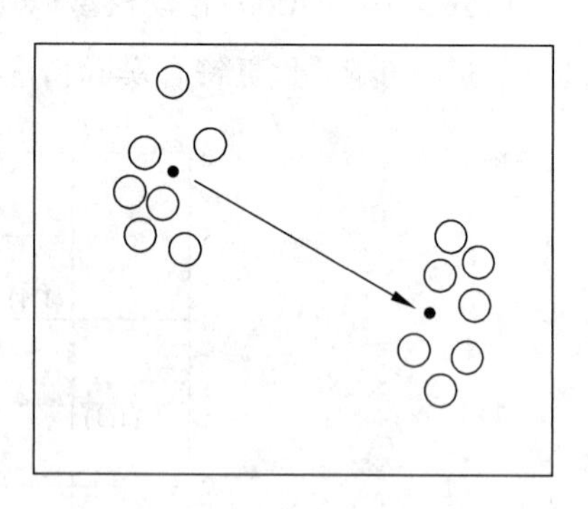

图 1-12 游牧社区移动模型

文献[4,12]定义了追捕(pursue)移动模型，表示移动节点跟踪一个固定目标进行移动(例如警察抓捕逃犯等)。在追捕移动模型下，节点的下一位置由式(1-10)描述：

$$new\_position = old\_position + acceleration(target\text{-}old\_position) + random\_vector \tag{1-10}$$

其中，$acceleration(target\text{-}old_position)$表示追捕节点的运动信息；$random\_vector$ 表示每个移动节点偏移量。追捕移动模型见图 1-13[6]。

在参考点(reference point)组移动模型下，移动节点组和移动节点的移动都是随机的[11]。组运动基于组内的逻辑中心，逻辑中心的运动用于计算该组的运动矢量 $\overrightarrow{GM}$，包括运动速度和方向，逻辑中心的运动代表了组的运动。组内移动节点围绕各自参考节点随机运动，见图 1-14。

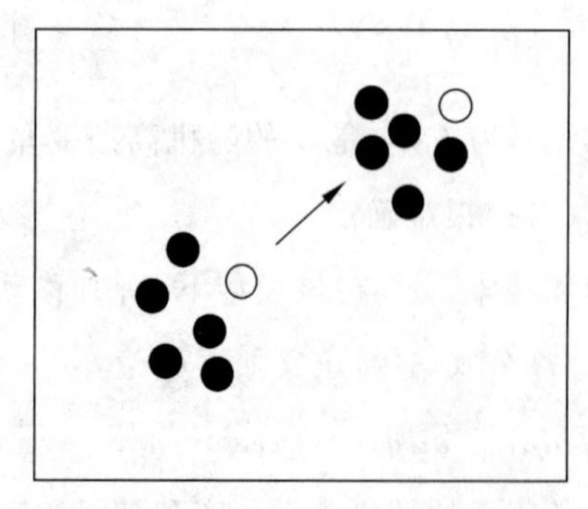

图 1-13 追捕移动模型

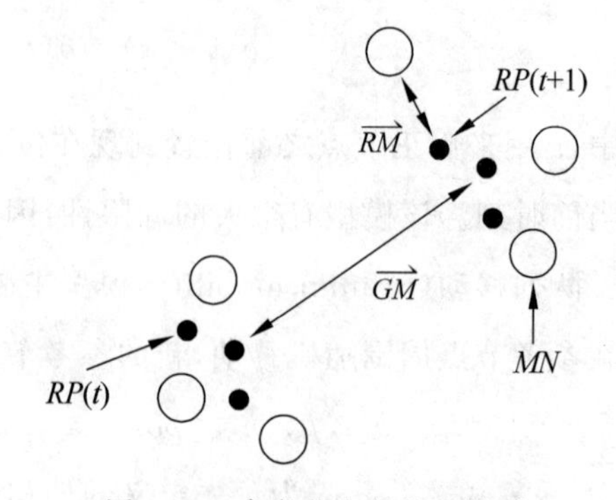

图 1-14 参考节点组移动模型

参考节点组模型利用组运动矢量 $\overrightarrow{GM}$ 来计算每个参考节点的下一个运动矢量 $\overrightarrow{RM}$，$\overrightarrow{RM}$ 的长度在固定的半径内正态分布，方向在$(0,2\pi)$之间正态分布。

1.4 国内外发展现状

1.4.1 地震应急的国内外发展现状

目前国外对地震应急工作越来越重视，特别是一些多震的国家。

日本地震频度高，全世界大约10%的地震发生在日本。日本人口密度高，地震强度大，海啸常与地震伴生，但自然灾害死亡人数仅占世界自然灾害死亡人数的0.4%左右。在地震发生时，根据地震规模的不同，日本构筑了以总理府、省厅和地方政府为核心的，由各部、各专业领域和各层次力量组成的多角度、多领域、多层次、综合性的强大的应对突发事件的组织和管理体系。按照《灾害对策基本法》的规定，日本的突发公共事件应急行政的主体为国家、都道府县、市町村、指定公共机关、指定地方公共机关、指定全国性的公共事业（以日本银行、日本红十字会、日本广播协会（NHK）和日本电报电话公司为首的61个与防灾有关的运输、电力、煤气、宣传等部门的机构被指定为全国性的公共事业）以及指定地方公共事业（指服务于地方的运输、电力、煤气、宣传等公共事业的机构）。面对各种灾害特别是自然灾害的严峻挑战，日本各级政府高度重视防灾减灾工作，经过不断总结完善，形成了特色鲜明、成效显著的应急管理体系，其主要特点如下：

（1）灾难应急管理法律体系健全。日本作为一个法制比较健全的国家，防灾减灾、公共事件应对等关系国计民生的重大事项，都纳入了法制化轨道予以规范。1961年，日本颁布了《灾害对策基本法》，这是日本的防灾抗灾的根本大法。在此基础上，日本又先后制定颁布了《灾害救助法》《建筑基准法》《大规模地震对策特别措施法》《地震保险法》等一系列应急管理法律法规。在应对巨灾方面，日本政府制订了《大规模灾害时消防及自卫队相互协助的协议》等规章制度，建立了跨区域协作机制、消防、警察和自卫队应急救援机制。目前，日本共制定应急管理（防灾救灾以及紧急状态）法律法规227部。为了确保法律实施到位，日本还要求各级政府制订具体的防灾计划（预案）、防灾基本计划、防灾业务计划和地域防灾计划，细化上下级政府、政府各部门、社会团体和公民的防灾职责、任务，明确相互之间的运行机制，并定期进行训练，不断修订完善，有效增强了应急计划针对性和操作性。

（2）灾难应急管理组织体系科学严密。20世纪90年代中期以来，日本政府强化了政府纵向集权应急职能，建立了以内阁府为中枢，形成中央政府、都道府县（省级）、市町村分级负责,以市町村为主体,消防、国土交通等有关部门分类管理,密切配合,防灾局综合协调的应急管理组织体制。在中央决策层,应急管理的日常指挥机构是“防灾委员会”,负责制定全国的防灾基本规划、与防灾业务计划安排和实施,由内阁大臣负责协调、联络。“中央防灾委员会”的主席是首相,成员包括国家公安委员会委员长、相关部门大臣,公共机构。当发生重特大规模的灾害时,中央政府成立“非常灾害对策本部”(类似于我国突发公共事件应急处置临时指挥机构),同时在灾区设立“非常灾害现场对策本部”进行现场指挥。一般情况下,上一级政府主要向下一级政府提供工作指导、技术、资金等支持,不直接参与管理。当发生自然灾害等突发事件时,成立由政府一把手为总指挥的“灾害对策本部”,组织指挥本辖区的力量进行应急处置。

(3) 公众防灾避灾意识强,自救互救能力高。日本十分重视应急科普宣教工作,通过各种形式向公众宣传防灾避灾知识,增强公众的危机意识,提高自护能力,减少灾害带来的生命财产损失。为纪念1923年9月1日的关东大地震,日本将每年的9月1日定为“防灾日”,8月30日至9月5日为“防灾训练周”。在此期间,通过组织综合防灾演练、图片展览、媒体宣传、标语、讲演会、模拟体验等多种方式进行应急宣传普及活动。同时,将每年的1月17日定为“防灾志愿活动日”,1月15日至21日定为“防灾及防灾志愿活动周”。鼓励公众积极参加防灾训练,掌握正确的防灾避灾方法,提高自救、互救能力。同时,社区积极组织居民制作本地区防灾地图。通过灾害分析、实地调查、意见收集、编写样本、集体讨论、印刷发放等环节,使居民了解本地区可能发生的灾害类型,灾害的危害性,避难场所的位置、正确的撤离路线,真正做到灾害来临时沉着有效应对。此外,在日本的县市,都建立了市民防灾体验中心,由政府出资建设,免费向公众开放,公众通过体验,感受不同程度的灾害,增强防灾意识;通过实践,掌握基本的自救、互救技能。

(4) 应急保障有力。一是建立了专职和兼职相结合的应急队伍。专职应急救援队伍主要有警察、消防署员、陆上自卫队,兼职队伍主要是消防团成员。消防团员由公民自愿参加,政府审查后,定期组织他们到消防学校接受培训,发给资质证,并提供必要的设施和装备。他们平时工作,急时应急,属于应急救援志愿者。二是应急设施齐备。充分利用中小学牢固的体育馆、教室和空旷的操场、公园等,建设了众多的应急避难场所,并在街道旁设置统一、易识别的“避难场所指示标志”,便于指引公众迅速、准确地到达应急避难场所。如日本的酒店、商场、机场、地铁站等公共场所都有明确的避难线路图,在线路图中清楚地标明目前所处的位置,消火器材、避难器具的位置及避难线路。三是应急物资种类多、数量足、质量高。日本建立了应急物资储备和定期轮换制度,各级政府和地方公共团体要预先设计好救灾物资的储备点,建立储备库和调配机制。其中主要食品、饮用水的保质期是5年,一般在第4年的时候更换,更换下来的食品用于各种防灾演习。

(5) 应急通信系统完善发达。完善高效的信息网络系统,是日本应急管理最为关键的措施。日本充分利用先进的监测预警技术系统,实时跟踪、监测天气、地质、海洋、交通等变化,减灾部门日常大量的工作就是记录、分析重大灾害有可能发生的时间、地点、频率,研究制定预防灾害的计划,定期组织专家及有关人员对灾难形势进行分析,向政府提供防灾减灾建议。同时,积极研究建立全民危机警报系统,当地震、海啸等自然灾害以及其他突发事件发生时,日本政府有关方面可以不用通过各级地方政府,而是直接利用"全民危机警报系统"向国民发出警报。日本各地都建立了都道府县的紧急防灾对策本部指挥中心。发生灾害后,各地政府首脑(知事)和紧急防灾对策本部的所有成员将在指挥中心进行救灾指挥,使灾害紧急处置实现高效化。此外,日本的防灾信息网络系统十分严密,目前日本政府建立起了覆盖全国、功能完善、技术先进的防灾通信网络。

除日本之外,美国也是一个多震的国家,实行突发事件应急统一管理的模式。经过长期发展,美国的应急体系由联邦、州、县、市和社区 5 个级别的机构组成了一整套应急管理机构体系。联邦政府中由总统作为总指挥负责协调工作,可通告全国宣布国家处于紧急状态[14]。联邦层面上,应急管理事务由联邦应急管理局(Federal Emergency Management Agency,FEMA)连同国土安全部负责。在地方上,各州、市、县均有紧急响应中心,承担管理范围内突发安全事件的响应和处置工作。社区层面上,应急管理由志愿者为主的非营利机构负责。除此之外,美国大量的民间团体也积极参与应急响应与救援,政府系统与民间机构可以协调合作。由此看出,美国已逐渐形成完善、成熟的应急管理机构和机制,应急管理呈现专业化和职业化的特点[14]。

在加拿大,应急管理体系自上而下分为 3 个层次,包括联邦、省和市郡[15]。在联邦一级,专门设置了公共安全部负责联邦应急管理[16]。其下属的政府应对中心处于国家应急管理体系的核心位置,负责监督和协调联邦政府的应急处理。各省区市均有相应的危机应对机构,负责各辖区内的安全事故应对和提供支持[17]。加拿大应急管理的一个重要的特征是法制健全,各级政府都有详细的应急管理法律法规,在制定预案、建设应急团队、筹备应急资源等各个环节都有明确的规定。在完整的标准下运行,加拿大的应急救援联动机制有序、效率高。

澳大利亚构建了联邦政府、州和地方政府、社区 3 个层面的应急管理体系。1974 年,澳大利亚联邦议会批准成立了隶属国防部的自然灾害组织(Natural Disasters Organization,NDO),承担民防、协调联邦政府对发生重大灾害州和地方提供物资帮助和提高地方政府应急管理能力的职责。1993 年,澳大利亚总结多次自然灾害的成效之后,把自然灾害组织更名为应急管理署(Emergency Management Australia,EMA)[18],负责灾害等突发事件的日常管理和协调。澳大利亚应急管理体制层次清晰、职责明确,吸引了大量志愿者广泛参与到应急管理中。政府高度重视风险预警，把应急预警防范视为控制消除灾害破坏和危害的有效手段。

意大利是一个自然灾害多发的国家，地震灾害是主要灾种。意大利民防部负责管理各类突发性紧急事件，国家地震调查局(National Seismic Survey，NSS)是意大利民防部下属部门之一，主要负责与地震有关的工作。国家地震调查局下设6个机构：地震学与场地效应研究室、建筑结构力学研究室、城市系统易损性研究室、建筑物与设施易损性研究室、监测系统研究室、地震灾害与区划研究室。其主要工作包括强震台网与数据处理、地震灾害损失评估、建筑物与设施的易损性评估、地震危险性分析、地震灾害损失模拟、应急响应与备震。

我国的地震应急工作始于1966年邢台地震，当时在周恩来总理的直接领导和关怀下，首创了不少“地震应急”有效做法，建立抗震救灾机构，紧急部署抗震救灾工作并迅速广泛展开。2000年2月24日，国务院办公厅印发《国务院办公厅关于成立国务院抗震救灾指挥部和建立国务院防震减灾工作联席会议制度的通知》(国办发〔2000〕17号)，正式成立国务院抗震救灾指挥部。

对于突发事件的应急管理，我国一直以来施行“专事专办”的应急管理机制，即针对不同类型的突发事件由相对应的职能机构或部门负责。具体来说，火灾事故由消防部门负责救援；自然突发灾害如洪水、泥石流等由民政部门负责施救；公共卫生事件如突发疫情和传染病等由卫生部门采取措施救援。虽然我国通过设立议事协调机构、部级联席会议、政府应急管理办事机构等各种方式，努力解决跨部门协调障碍，但是，应急管理相关职责分散在数十个不同的政府职能部门，相互之间的沟通协调成本非常高，“碎片化”问题非常突出。2018年3月13日，国务院机构改革方案公布，根据该方案，不再保留国家安全生产监督管理总局，改为组建应急管理部，承担原国务院办公厅的应急管理、公安部的消防管理、民政部的救灾、国土资源的地质灾害防治、水利部的水旱灾害防治、农业部的草原防火、国家林业局的森林防火、中国地震局的震灾应急救援职责，以及国家防汛抗旱总指挥部、国家减灾委员会、国务院抗震救灾指挥部、国家森林防火指挥部的相应职责，公安消防部队和武警森林部队转制后也由应急管理部负责主管。应急管理部的成立将对应急管理宏观决策方面的工作全面统筹，对推动形成统筹指挥、上下协作、专常兼用、平战结合的应急管理机制体制有重要意义。

目前，我国地震应急工作已逐渐步入法制化、制度化、程序化的轨道，坚持“平时警钟长鸣、居安思危、常备不懈；震时反应迅速、决策科学、高效有序”，建立了以《中华人民共和国防震减灾法》和《破坏性地震应急条例》为核心的地震应急法律制度和技术标准体系，形成了覆盖全国的各级各类地震应急预案，健全完善了地震应急指挥管理机构和技术支撑机构，组建了国家和地方专业地震救援队伍，建设了地震应急指挥技术系统，推进了城市应急避难场所建设。

1.4.2 地震信息系统的国内外发展现状

美国联邦应急管理局部署的美国国家多灾种评估系统（Hazards United States Multi-Hazard，HAZUS-MH）用于评估洪水、飓风和地震的物理破坏、经济损失和社会影响。HAZUS-MH 系统主要针对地震、洪水和飓风灾害开展灾害风险评估、损失评估，包括地震评估模块、洪水评估模块和飓风评估模块。每个模块中灾害损失评估的基本内容都是由致灾因子评估、直接物理破坏评估、间接物理破坏评估、直接经济和社会损失评估以及间接损失评估等 5 大部分组成。灾害损失评估都是在公共数据库和特定数据库的支持下，应用概率分析、情景分析和历史资料分析等多种方法，从国家、地方和专家 3 个层面开展相关评估工作。

全球地震响应快速评估系统（Prompt Assessment of Global Earthquakes for Response，PAGER）是美国地质勘探局（United States Geological Survey，USGS）为改善地震评估的准确性所开发的一种自动化震动分布快速估计系统。该系统基于全球地震台网观测系统，可以评估受严重震动影响的定居点和居民数量，以及可能的人员伤亡和经济损失情况，为地震紧急救援部门、其他政府相关组织和救援机构及媒体提供有关全球地震灾害的有效信息。

EMA-DLA（Emergency Management Australia-Disaster Loss Assessment）是由澳大利亚应急管理中心组织开发的灾害损失评估系统。该系统开展灾害评估遵循 4 个原则[19]：一是易操作性，确保评估流程容易操作；二是一致性与标准化，确保评估结果可比；三是可重复性，确保评估结果可多次重复评估；四是基于经济学原理，确保评估结果能够衡量灾害对经济的影响。评估内容分为直接损失和间接损失，前者是致灾因子造成的损失，后者是商品和服务的流量损失[20]。

意大利民防部建设了地震模拟与应急管理信息系统（Information System for Emergency Management and Simulation Scenarios，SIGE），该系统针对意大利全国范围，接到地震信息后仅数分钟就可以给出地震灾害预评估结果。意大利地震应急响应的核心工作之一是地震灾害快速评估，而灾害损失评估的准确性主要依赖于地震灾害损失评估模型的科学性。意大利民防部研发了两代地震灾害损失评估模型，第一代地震灾害损失评估模型较简单，评估结果不易动态修改。第二代灾害损失评估模型首先考虑了断层因素、场地各向异性及震源深度，同时提高了空间分析精度（从自治市到人口普查单元），并与美国麻省理工学院合作研发了新的模拟评估软件，使用概率方法实时动态评估地震损失。

我国的地震信息系统起步较晚。中国地震局预测预报司在1998年提出了“地震监测信息系统”的概念[21]，并且提出要从现代信息技术入手，将科学和技术、数字化和信息化融合在一起，建设一个更加完善的地震监测信息系统。地震信息系统一般由以下几个部分构成：第一，地震监测数据信息来源；第二，地震紧急信息应用；第三，各类信息的流通。其中，地震信息系统的应用问题是通过数字地震观测系统、地壳运动观测网络、地震震情、灾害信息管理、应急辅助决策管理系统等几个方面来解决的。“九五”（国家第九个“五年计划”）期间，中国地震局在国家发展计划委员会（现国家发展和改革委员会）的支持下，围绕防震减灾工作的监测预报、震灾预防和紧急救援三大工作体系，开始了中国数字地震观测网络工程建设。项目总体建设目标为：实现地震监测预报的数字化网络化，包括数据采集、传输、分析、应用，全面提高监测预报水平；在大中城市开展地震活断层探测和地震危险性评估，为工程的抗震设防积累实测数据；建立完善的全国抗震救灾指挥体系，做到信息灵、决策准、指挥有序、救援响应快；利用上述项目建设后获得各类数据，实现跨地区、行业数据共享，为社会提供更多信息服务。项目建成后，前兆、测震、强震台站的密度达到每万平方公里0.42个、0.88个和1.2个，监测设备数字化率达到95%，20个城市活断层地震危险性得到初步评估。地震速报时间从30min缩短到10min，地震监测震级下限从4.5级改善到3.0级。地震预报水平进一步提升，强震动观测能力和活断层探测水平迈上新的台阶，震害防御服务能力显著增强，地震应急响应时间大幅缩短，地震应急指挥和救援能力有了很大的提高。

依托中国数字地震观测网络工程项目，中国地震局在全国31个省和直辖市建立了区域抗震救灾指挥技术系统，建立了国务院抗震救灾指挥技术系统，同时建立了21套地震现场技术系统。系统的建设内容包括：指挥大厅建设、网络与通信系统建设、地震应急基础数据库收集与系统建设、评估与决策软件系统建设等。随着科技的发展，地震应急业务需求也在日益更新，主要包括应急响应、灾情获取、预判评估、对策分析、精细化动态分析、处置过程跟踪服务、专业服务制作和应急信息服务等。为了满足不断提升的地震应急业务需求，中国地震局提出了地震应急现代化建设，主要包括3个方面：标准体系化、功能智能化、业务一体化。地震应急信息系统标准体系由6个子体系构成，分别是总体标准、信息资源标准、业务应用标准、应用支撑标准、基础设施标准、管理标准。标准体系化的对象包括业务、流程、平台、数据、产出、模型、接口等；地震应急信息系统功能智能化主要是从数据汇集、应用支持、智能交互、服务支持等角度，充分利用大数据、云计算技术，提升地震应急响应快速评估、地震灾情信息获取、地震灾害分析等功能的智能化水平；地震应急信息系统业务一体化主要是构建国家-区域-地市-市县以及现场的集约化的应急处置与服务平台，为开展地震应急响应评估分析、指挥调度和决策服务提供一个统一、高效、规范化的系统环境，为各级地震部门开展地震应急信息服务提供统一的数据库、丰富的图形图表素材、可参考的决策对策建议，改变现在灾情信息、评估分析和决策服务材料种类多、上下不统一、服务手段较为落后等情况，提高应急处置与决策服务材料制作水平和服务能力。

1.4.3 地震通信系统的国内外发展现状

根据业务应用划分，地震通信系统包括地震观测通信系统和地震应急通信系统。地震观测通信系统主要服务于地震监测、预报等观测业务，例如用于地震观测设备与中心之间信息传输的有线或无线通信系统；地震应急通信系统主要服务于震后灾情采集、应急指挥与救援，例如震后在灾区现场搭建的自组织网络、卫星通信网络、移动救援的单兵通信网络等。

地震通信系统的发展是以通信技术自身的发展为基础和前提的。常规通信发展迅速，但地震通信系统由于服务对象单一、跨行业应用少、用户需求较高，并且由于地震行业的公益性质，其投入无法直接产生经济效益，因此地震通信技术手段相对落后，整体水平滞后于常规通信。

美国地震通信系统主要是为地震监测、预警和公众服务的。美国地质勘探局在全球部署了多个地震监测台或者设备，通过互联网将设备监测记录实时传输至位于美国科罗拉多州的国家地震信息中心(National Earthquake Information Center,NEIC)，信息中心每天24小时提供全球重大地震位置和震级服务，服务对象包括美国联邦和州政府机构、其他国家政府机构、国内外新闻媒体、科学团体(包括研究余震的团体)以及相关注册用户。当美国国外发生破坏性地震时，地震信息将传递给美国驻受灾国使领馆工作人员和联合国人道主义事务部(Department of Humanitarian Affairs,DHA)。国家地震信息中心负责对美国东西部3.0级以上、全球5.0级以上(或已知已造成破坏)的地震发布快速报告，每年定位和发布大约30 000次地震。

破坏性地震往往会对通信基础设施造成破坏，甚至损毁，使受灾地区对外通信中断，成为完完全全的信息孤岛，给救灾组织、指挥调度、人员搜救、次生灾害预防等工作造成重大困难。因此，地震现场要利用各种通信资源，快速有效地实现灾情信息的传递上报，为救灾组织、辅助决策、指挥调度等提供支持。所以各种公共安全事件时有发生，加上频发的自然灾害、重大事故等，都需要应急通信基站的保障和支撑。美国2006年1月公布了《应急通信白皮书》，指出了美国自“9·11”恐怖袭击事件以来应急通信系统建设存在的问题。在震后应急通信中，美国政府和电信运营企业主要采用如下的措施来保障通信的可靠性：

1. 政府应急电信服务

政府应急电信服务(government emergency telecommunications service,GETS)是美国国家通信系统管理办公室管理的通信服务,为了在突发事件、危急灾害或核攻击等发生时,保障国家安全应急通信的畅通。破坏性地震发生后,用户能够通过简单的拨号计划或个人识别号码卡识别策略进行认证接入,通过现有的公共电话交换网络(Public Switched Telephone Network,PSTN)通信,该类通信具有较高的优先级,即使在通信拥塞和遭到破坏的条件下也能基本保证呼叫实现。

2. 无线优先服务

无线优先服务(wireless priority service,WPS)是美国国土安全部管理的一个应急通信系统,它允许高优先级紧急电话呼叫,以避免无线电话网络的拥塞。这是对政府应急电信服务的补充。破坏性地震发生后,无线电话网络很可能会因呼叫而拥塞。即使没有紧急情况,一些基站接收到的呼叫也超出了它们的处理能力。无线优先业务允许高优先级呼叫绕过拥塞。与前面所讲的提供固定电话优先电话的政府应急电信服务不同,电话公司可选择参与无线优先业务,该业务支持只在选定的网络上提供,通常需要额外的激活、可用性和使用费用。

3. 基于网际互联协议的语音通话服务

基于网际互联协议的语音通话(voice over internet protocol,VoIP)的基本原理是通过语音的压缩算法对语音数据编码进行压缩处理,然后把这些语音数据按传输控制协议/网际协议(transmission control protocol/internet protocol,TCP/IP)标准进行打包,经过互联网络把数据包送至接收地,再把这些语音数据包串起来,经过解压处理后,恢复成原来的语音信号,从而达到由互联网传送语音的目的。破坏性地震灾害发生后,美国的避难场所、救助中心都提供了免费的基于网际互联协议的语音通话服务,满足灾民的通话需求。

4. 卫星通信服务

在美国,卫星移动通信是最理想的应急通信方式,政府救灾部门、公民都利用卫星电话保障灾时通信。破坏性地震沉重地打击了地面通信网络,固定电话、移动电话、广播、互联网等多种通信网络均受到不同程度的影响。灾时通信业务量剧增,也超出了地面通信网络的承受能力。相比之下,卫星通信对地面设施的依赖程度低,受地面灾害的影响小,具有较高的可移动性和灵活性,并且很容易实现大范围的信息广播,在应对重大自然灾害和应急事件情况下具有得天独厚的优势。

日本是自然灾害大国,更是地震灾害的重灾国。在经历“阪神大地震”后,日本政府深刻认识到防灾通信建设的重要性，经过多年的努力，建立起了覆盖全国、功能完善、技术先进的防灾专用通信网络，包括：

(1) 以政府各职能部门为主，由固定通信线路、卫星通信线路和移动通信线路组成的“中央防灾无线网”。

(2) 连接消防厅与都道府县的“消防防灾无线网”。

(3) 以自治体防灾机构和当地居民为主的都道府县、市町村的“防灾行政无线网”。

(4) 在应急过程中实现互联互通的防灾相互通信无线网等。

日本充分利用先进的监测预警技术系统，实时跟踪、监测天气、地质、海洋、交通等变化，减灾部门日常大量的工作就是记录、分析重大灾害有可能发生的时间、地点、频率，研究制定预防灾害的计划，定期组织专家及有关人员对灾难形势进行分析，向政府提供防灾减灾建议。同时，积极研究建立全民危机警报系统，当地震、海啸等自然灾害以及其他突发事件发生时，日本政府有关方面可以不用通过各级地方政府，而是直接利用“全民危机警报系统”向国民发出警报。日本各地都建立了都道府县的紧急防灾对策本部指挥中心。发生灾害后，各地政府首脑(知事)和紧急防灾对策本部的所有成员将在指挥中心进行救灾指挥，使灾害紧急处置实现高效化。此外，日本的防灾信息网络系统十分严密，目前日本政府建立起了覆盖全国、功能完善、技术先进的防灾通信网络。根据《灾害对策基本法》《东京都震灾对策条例》《东京都防灾行政无线基本规划》等，除了有线系统之外，为了防止在灾害发生后有线通信被中断的问题，东京都拥有防灾行政无线系统。这套系统包括国家主管的消防防灾无线系统和东京都防灾行政的无线系统。消防防灾无线系统是总务省消防厅与都道府县之间为收集大地震等灾害的信息而建设的。东京都防灾行政无线系统由 3 个系统组成：固定式无线系统、移动式无线系统、地区卫星通信网络。为了吸取阪神大地震的教训，移动无线系统重视在都政府大楼、都派出机构与灾害现场观察的车辆、携带式的无线手机之间进行信息收集和传递。还有，为了能够通过图像等的传送来了解灾害现场的现状，都政府配备了卫星中转车和多重移动无线车。

日本是城市煤气事业比较发达且多发地震的国家，近些年来十分重视城市煤气管网的防震减灾研究。京煤气公司从 1986 年开始研究煤气管网的地震实时防灾系统，于 1994 年投入使用，这套系统包括低压管网实时防灾系统、无线电远程监视与操作系统、远程煤气泄露检测系统。

我国地域辽阔、人口众多、自然灾害频发、突发事件形式多样。根据工业和信息化部公布公布的数据，2008 年的汶川地震给通信行业造成巨大损失。截至 2008 年 5 月 21 日，四川、甘肃、陕西省内累计受灾电信局所 3811 个，累计受灾移动基站 29 064 个(含小灵通基站)，累计损毁线路 22 704 皮长公里，累计倒杆断杆 117 057 根，直接经济损失近 30 亿元人民币。由此可见，我国通信传输系统承受重大突发事件的冲击能力有限。汶川地震后，中央和各级政府加大了应急通信系统建设的力度，我国应急通信进入了一个快速发展的阶段。中国通信标准化协会成立了应急通信特设任务组，立项研究卫星通信系统支持应急通信的需求和架构技术要求、区域空间应急通信系统、应急公益短信息方案等，并已付诸实践。2020 年 7 月 31 日，北斗三号全球卫星导航系统建成暨开通仪式在人民大会堂举行，中共中央总书记、国家主席、中央军委主席习近平宣布北斗三号全球卫星导航系统正式开通[22]。北斗系统的导航、定位、短报文通信功能，能够为国内外用户提供实时救灾指挥调度、应急通信、灾情信息快速上报与共享等服务，显著提高了灾害应急救援的快速反应能力和决策能力。我国地震行业通信系统主要是为地震观测和地震应急服务的，由于行业的非营利性和公益性，用于支撑行业发展的通信系统普遍存在形式单一、兼容性差的缺点，并且各地区因经济发展水平不同而差异显著。

地震观测方面，依托中国数字地震观测网络工程建设，中国地震局及其下属的各个省和直辖市地震局建成了充分依赖现有通信和网络基础设施(包括电信网、蜂窝网和互联网)的多种类的通信系统，主要包括有线和无线两种通信方式。有线通信如同步数字体系(synchronous digital hierarchy，SDH)和非对称数字用户线路(asymmetric digital subscriber line，ADSL)，无线通信如 GPRS、3G、4G、卫星链路等。随着通信技术的不断发展，5G[23]已经步入人们的日常生活。在 2020 年中国国际服务贸易交易会 5G 新兴服务贸易发展论坛上，工信部信息通信发展司司长闻库表示[24]："目前，全国已经建成 5G 基站超过 48 万个，5G 网上终端连接数已经超过了一亿，应用覆盖工业、医疗、媒体、交通等多个领域。"然而，由于 5G 正处于商业应用初期，其成本及基础设施目前都不允许地震行业大规模部署，因此地震观测设备暂未采用 5G 通信方式进行数据传输。

地震应急方面，当前地震应急通信网络主要包括专用卫星网络、微波(狭义)网络和集群通信网络。尽管卫星的通信信道容量有限，使用成本高，但卫星网络具有较强的健壮性，较广的覆盖范围和灵活的机动性，因此在地震应急通信中，尤其是破坏性地震导致网络基础设施损坏情况下，发挥着至关重要的作用。国家地震应急卫星通信网络分为两种工作模式[18]：日常模式和应急模式。在日常工作模式下，国家地震应急指挥中心的卫星中心站为系统主站，各省级卫星固定站为远端站，全网为星状网络结构，远端固定站仅与中心站直接互通，彼此间无直接通信。该模式主要用于日常工作期间信道网管指令信息传输等。一旦有破坏性地震发生，卫星通信网络转入应急模式。在该模式下，地震应急现场移动站和相关省级固定站组成网状网结构，站点之间直接通过卫星进行互联互通，无须经由国家地震应急指挥中心的卫星主站进行转发。此外，为了加强卫星通信网络的可靠性和可用性，在云南地震应急指挥中心还建立了备份主站，对国家地震应急指挥中心站的网络控制和业务进行备份。当中心主站因故(如降雨等天气原因，或设备故障等原因)而不能正常工作时，备份主站可以自动接管网络控制功能，维持卫星网络正常运行。

微波通信在地震应急通信中的应用较少，主要集中在经济较发达的省份和地区。例如上海市地震局采用的现场单兵通信设备(图 1-15)，就采用了微波通信的方式。

图 1-15 地震现场应急单兵通信设备

地震现场单兵通信系统包括车载移动端和背负式单兵终端。车载移动端包括射频收/发设备、天线、馈线及滤波器，视音频编解码模块，话筒和显示设备等；单兵终端包括背负式射频收/发装置、图像采集设备(手持摄像机)，耳麦和显示设备、背包等设备，具有视频图像的采集、压缩编码、本地录像存储、无线网络传输功能，支持语音对讲，多方通话，语音会议，图像回传，GPS 定位，能够满足地震现场应急通信的需求。地震现场应急可视化指挥综合通信系统通过对各种软件、无线组网设备、图像通信设备进行合理组合，在各类突发地震灾害现场进行快速应急部署，实现双向可视化指挥调度、视频监控、信息查询、视频会议等可视化指挥调度保障功能；可将灾害现场实时视音频信号传送至应急指挥车及指挥中心，为应急指挥车的指挥人员及时准确地做出决策提供实时、可靠的依据；可以根据现场的环境部署适当的单兵通信终端和内部网络，将内部系统功能延伸至应急现场队或现场指挥部。

传统的专用移动通信网络主要应用于某个行业或某个部门内，以实现指挥调度功能。由于信道是“专有”的，也就是说通话过程中用户使用的频率是固定的，这就导致一旦用户选择了某信道，那么它的通话就只能在这一信道上，直至通话结束；如果这一信道已被其他用户占用，则它就不能选择其他空闲信道，从而出现阻塞。由此可见，传统的专用业务移动通信网络频率利用率低，从而导致通信质量降低。集群通信网络的出现，克服了上述缺点。集群通信网络具有信道共用和动态分配等技术特点，为多个部门、单位等集团用户提供专用指挥调度等通信业务。2006 年 12 月，由中国电信上海公司承建和运营的上海市应急救援 800M 数字集群政务共网正式投入使用。该网络是一个以管理指挥调度为主，兼顾日常行政事务的无线通信平台。在应急状态下，覆盖了市、区、街道各级应急管理机构，为政府各职能部门、应急管理工作机构和基层单元应对各类突发公共事件提供便捷通畅的指挥通信；在常态下，是一个面向政府各职能部门、应急管理工作机构和基层单元的日常无线通信网络，为政府各职能部门、应急管理工作机构和基层单元的日常行政管理和生产作业调度提供服务。

1.4.4 地震应急救援移动模型的国内外发展现状

21世纪以来,世界各地地震频发。根据中国地震台网中心的统计结果[25],全球共计发生105次7级以上地震。根据2019年中国统计年鉴的统计结果[26],从2000—2018年,我国共计发生地震灾害190次,造成7万多人死亡,经济损失达到1万多亿元人民币。为了寻求科学的震后救援方法,众多学科和领域内的科研工作者围绕地震应急救援移动模型做了大量研究。大多数学者将地震应急救援移动模型问题演化为救援资源的分配和调度问题。

Ghazaleh Ahmadi等[27]提出了一种新的具有鲁棒性的决策支持算法,用于震后灾区的搜救资源规划。该算法采用两阶段分解方法,将资源规划描述为混合整数规划模型的迭代。算法的第一阶段提出了多时段分配模型,最大限度地满足灾区的公平性和有效性需求;算法的第二阶段在考虑二次破坏风险、资源协作和休息时间要求的情况下,最小化搜救时间的加权和。Mehdi Najafi等[28]利用层次目标函数建模,提出了一个多目标、多模式、多商品、多周期的随机模型来管理震后救援物品和灾民的流动趋势。Ahmad Mohamadi[29]等从合理分配医疗物资的角度出发,建立了转运点和医疗用品配送中心选址的双目标、随机优化模型,并利用ε约束法将双目标模型转化为单目标混合整数规划模型。Behnam Vahdani等[30]提出了一种新的非线性、多目标、多周期、多商品的配送中心选址模型,该模型能够使得向灾区配送救援物资、车辆等的时间和总成本最小化。针对所设计的问题,Behnam Vahdani等提出了两种元启发式算法来进行求解,分别是非支配排序遗传算法和多目标粒子群优化算法。

目前,国内针对地震应急救援移动模型的研究十分有限。部分学者试图找出地震导致的房屋倒塌率与人员在室率之间的关系,建立压埋率预估模型[31,32],根据模型计算结果为救援人员提供救援辅助决策信息。大多数学者则从震后的搜救方法、救灾路径选择、救灾资源最优配置等角度,给出提高救援工作效率的理论方法。郑彦[33]采用计算机模拟地震搜救工作的方法,研究搜救速度、搜救半径、最大转动角度3个变量与搜救成功率之间的关系。破坏性地震可能导致原有的通信基础设施完全被破坏,安然等[34]研究在这种情况下,如何将有限的搜救队伍分组,并派往指定区域利用有别于地毯式搜救的方式执行搜索任务,以期在最短的时间内完成假定区域的搜索覆盖。潘新超等[35]以救援能力约束为前提条件,建立地震灾害应急救援的调度优化模型,期望用最短时间救治更多伤员。李铭洋等[36]综合考虑应急救援时间满意度和救援人员的胜任度,建立应急救援人员调度分配模型,解决了具有多救援点的突发事件应急救援人员调度问题。李进等[37]针对应急场景下的资源调度问题,建立了多资源多受灾点应急调度模型,设计了基于图论中网络优化和线性规划优化思想的启发式算法，合理调度救灾资源，最大限度地减少生命财产损失。

1.5　本书结构

本书密切结合地震行业的实际业务应用，如地震观测、应急救援等，力图全面、系统地介绍三方面内容，分别是地震信息系统、地震通信系统及地震应急救援移动模型。第1章是对全书内容的宏观介绍，从第2章开始，本书依次对上述3个方面进行详细介绍。其中，第2章介绍地震观测设备监控平台的开发设计，提出了一种多链路数据延迟误差比分析算法，用于判断地震观测设备集群各链路延迟的监控告警阈值，并讨论了用于支撑地震信息系统运行的地震通信系统；第3章介绍地震应急救援移动模型；第4章、第5章、第6章介绍地震通信系统中的应急通信，包括震后应急通信系统的概述、下一跳节点选择算法及应急通信的路由协议；第7章从地震应急通信安全的角度，介绍无人机的侦听与干扰技术与理论研究。全书的结构如图1-16所示。

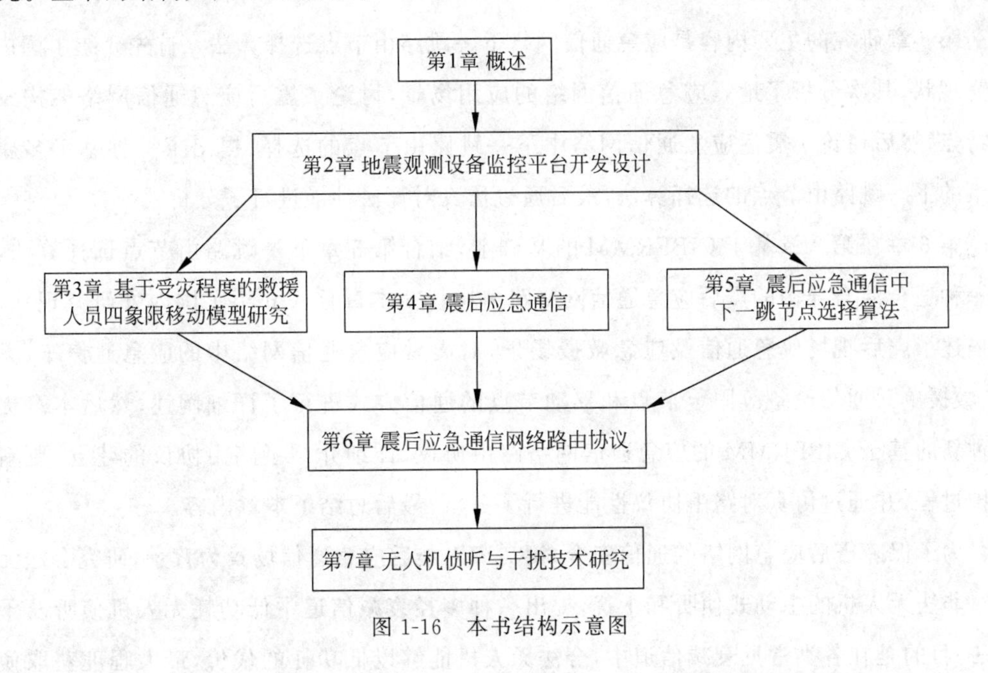

图1-16　本书结构示意图

第1章首先阐述应急的相关概念，如突发事件、应急准备、应急监控、应急处置、灾后恢复与重建等，然后介绍地震应急的概念、地震信息与通信系统的组成、地震信息与通信系统的特点，之后介绍了地震应急救援采用的移动模型，最后介绍了地震应急、地震信息与通信系统、地震应急救援移动模型的国内外研究现状。

第2章研究的主要内容是地震观测设备集群监控平台的开发与设计，并对地震通信系统的链路性能做了详细分析。首先介绍了国内外研究现状，其次详细阐述了地震观测设备集群及链路基本概念和种类，分析各类链路性能指标，并介绍了地震观测设备集群监控系统的设计与开发，然后针对集群监控系统的链路延迟告警阈值设置问题，提出了多链路数据延迟误差比分析算法，最后基于地震观测设备集群监控系统实验平台，利用误差比分析算法对集群监控系统及人工记录的集群设备故障次数进行对比，给出地震观测设备集群各链路延迟的监控告警阈值指标，为地震观测设备集群监控系统的设计提供了参考。

第3章依托第2章中地震观测设备集群及其支撑的技术系统提供的灾害评估信息，讨论震后应急救援场景中救援人员的移动模型。首先，本章介绍了应急救援移动模型研究的国内外现状，其次，基于不同区域的受灾程度，提出了一种救援人员四象限移动模型，设计了一种算法用于实现该模型。通过仿真对模型的性能进行了分析，并与传统救援人员移动模型进行了对比，指出了本模型的优越性，最后对本章内容进行了总结。

第4章主要介绍震后应急通信，首先对震后应急通信的特点、需求分析以及震后应急通信关键技术进行了概述，然后详细介绍震后应急通信系统的体系结构、功能以及技术手段，最后对本章进行了小结。

第5章研究的主要内容是应急通信网络下一跳路由节点选择算法。首先介绍了国内外研究现状，其次分析了地震应急通信网络的应用场景，讨论了震后应急通信网络架构及链路特点，然后讨论了震后应急通信网络中下一跳路由节点的选择，提出了一种基于多属性决策的下一跳路由节点的选择算法，最后通过仿真对算法性能进行了分析。

第6章在第3章基于CIBFRMM的基础上，结合第5章下一跳路由节点选择算法，提出一种适合混合异构的震后应急通信网络路由协议。本章首先介绍了国内外研究现状，其次描述了震后现场应急通信及应急救援场景，对震后应急通信网络中的应急通信车、无人机、救援单兵通信设备等固定节点和移动节点的通信方式进行了详细阐述，然后本章提出一种新的基于CIBFRMM的应急通信网络路由协议，详细介绍了路由协议的建立、更新与维护过程，并通过仿真对路由协议性能进行了分析，最后总结了本章内容。

为了保障震后应急网络的通信安全，第7章以震后应急通信场景为背景，研究合法无人机对非法无人机的主动式侦听和干扰，提出一种多径衰减信道中低功耗无人机侦听及干扰算法，目的是在各类常见衰减信道中，合法无人机能够以低功耗的代价，最大程度获取侦听数据包数量。首先，本章分析了关于无人机应急通信安全的国内外研究现状，其次，介绍了无人机在应急通信网络中的中继作用，第三，针对应急通信网络安全问题，建立4种合法无人机侦听的模型，提出一种多径衰减信道中低功耗无人机侦听及干扰算法，并对算法的可行性解和时间复杂度进行了分析，然后，通过仿真实验来验证侦听及干扰选择算法的性能，最后对本章内容进行了总结。

参考文献

[1] 搜狐网. 汶川地震造成直接经济损失八千四百多亿元[EB/OL]. [2008-09-04]. http://news.sohu.com/20080904/n259378394.shtml.

[2] 新浪网. 日政府估算地震损失约 1.36 万亿元 相当于阪神大地震 1.8 倍[EB/OL]. [2011-06-24]. http://news.sina.com.cn/w/2011-06-24/111722698826.shtml.

[3] 国家统计局. 中国统计年鉴-2020[EB/OL]. [2020]. http://www.stats.gov.cn/tjsj/ndsj/2020/indexch.htm.

[4] SANCHEZ M, MANZONI P. Anejos: A java based simulator for ad-hoc networks[J]. Future Generation Computer Systems, 2001, 17(5): 573-583.

[5] DAVIES V. Evaluating mobility models within an ad hoc network[D]. Colorado School of Mines, 2000.

[6] TRACY C, JEFF B, VANESSA D. A survey of mobility models for ad hoc network research[J]. Wireless Communications and Mobile Computing, 2002, 2(5): 483-502.

[7] ROYER E, MELLIAR-SMITH P M, MOSER L. An analysis of the optimum node density for ad hoc mobile networks[A]. In Proceedings of the IEEE International Conference on Communications (ICC)[C], 2001, 3: 857-861.

[8] HAAS Z. A new routing protocol for reconfigurable wireless networks[A]//In Proceedings of the IEEE International Conference on Universal Personal Communications (ICUPC)[C], 1997, 2: 562-565.

[9] LIANG B, HAAS Z. Predictive distance-based mobility management for PCS networks[A]//In Proceedings of the Joint Conference of the IEEE Computer and Communications Societies (INFOCOM)[C], 1999, 3: 1377-1384.

[10] TOLETY V. Load reduction in ad hoc networks using mobile servers[D]. Colorado School of Mines, 1999.

[11] HONG X, GERLA M, PEI G, et al. A group mobility model for ad hoc wireless networks[A]//In Proceedings of the ACM International Workshop on Modeling and Simulation of Wireless and Mobile Systems (MSWiM)[C], 1999: 53-60.

[12] SANCHEZ M. Mobility models. http://www.disca.upv.es/misan/mobmodel.htm. Page accessed on May 30th, 2002.

[13] 黎昕, 王晓雯. 国外突发事件应急管理模式的比较与启示——以美、日、俄三国为例[J]. 福建行政学院学报, 2010(5): 17-21.

[14] 昝军, 刘毅. 国内外应急管理机构发展现状及趋势研究[J]. 科技资讯, 2019(34): 186-187.

[15] 邹逸江. 国外应急管理体系的发展现状及经验启示[J]. 灾害学, 2008(1): 96-101.

[16] 刘杰, 于海峰, 苏兰, 等. 加拿大应急管理系统简介[J]. 中国动物检疫, 2010, 27(4): 5-6.

[17] 刘诗娇. 突发公共事件财政应急机制分析——以汶川大地震为例[J]. 金融经济, 2009(12): 67-68.

[18] 帅向华, 杨天青, 马朝晖等. 国家地震应急指挥技术系统[M]. 北京: 地震出版社, 2009.

[19] 王曦, 周洪建. 重特大自然灾害损失统计与评估进展与展望[J]. 地球科学进展, 2018, 33(9): 34-41.

[20] EMA(Emergency Management Australia). Australia Emergency Manuals Series, Part Ⅲ: emergency management practice, disaster loss assessment guidelines[C]. Canberra: Lllyctbi Pty Ltd, Brisbane and PenUltimate, 2002.

[21] 徐敏. 浅谈地震监测信息技术及其应用发展[J]. 电子世界, 2014, (18): 286.

[22] 央视新闻客户端.习近平出席建成暨开通仪式并宣布北斗三号全球卫星导航系统正式开通[EB/OL].(2020-07-31)[2020-10-30]. http://m.news.cctv.com/2020/07/31/ARTIR75dQfborwKBbTADz5Kr200731.shtml.

[23] MO L,CHENG W,CONTRERAS L M. ZTE 5G transport solution and joint field trials with global operators[C]. Optical Fiber Communication Conference. Optical Society of America,2019: M1G.2.

[24] 中国产业经济信息网. 全国已建成5G基站超48万座！广东：今年新建超6万座5G基站[EB/OL].(2020-09-09)[2020-10-30]. http://www.cinic.org.cn/cj/cjkj/918275.html.

[25] 中国地震台网. http://news.ceic.ac.cn/.

[26] 国家统计局.中国统计年鉴2019[M].北京：中国统计出版社，2019.

[27] AHMADI G,TAVAKKOLI-MOGHADDAM R,BABOLI A,et al. A decision support model for robust allocation and routing of search and rescue resources after earthquake: a case study[J]. Operational Research,2020(3).

[28] NAJAFI M,ESHGHI K,LEEUW S D. A dynamic dispatching and routing model to plan/ re-plan logistics activities in response to an earthquake[J]. OR Spektrum,2014,36(2): 323-356.

[29] AHMAD MOHAMADI, SAEED YAGHOUBI. A bi-objective stochastic model for emergency medical services network design with backup services for disasters under disruptions: an earthquake case study[J]. International Journal of Disaster Risk Reduction,2017,23: 204-217.

[30] VAHDANI B,VEYSMORADI D,SHEKARI N,et al. Multi-objective,multi-period location-routing model to distribute relief after earthquake by considering emergency roadway repair[J]. Neural Computing & Applications,2016,30(3): 835-854.

[31] 翟浩，曹泽文.地震灾害搜索救援区域优先级分析[J].人力资源管理，2010(8): 65.

[32] 肖东升，黄丁发，陈维锋，等.地震压埋人员压埋率预估模型[J].西南交通大学学报，2009,44(4): 574-579.

[33] 郑彦.地震搜救的计算机模拟与分析[J].防灾科技学院学报，2010,12(2): 57-60.

[34] 安然，刘春洁，王明旭.利用数学建模浅谈汶川地震某区域搜救路线问题[J].中国新技术新产品，2009(20): 13.

[35] 潘新超，刘勤明，叶春明.基于能力约束的地震灾害应急救援调度优化研究[J].上海理工大学学报，2017,39(6): 549-555.

[36] 李铭洋，曲晓宁，李博，等.考虑多救援点的突发事件应急救援人员派遣模型[J].运筹与管理，2018,27(8): 50-56.

[37] 李进，张江华，朱道立.灾害链中多资源应急调度模型与算法[J].系统工程理论与实践，2011,31(3): 488-495.

第2章 地震观测设备监控平台开发设计

地震观测设备集群及其支撑的技术系统，能够为震后应急救援移动模型研究、震后应急通信系统研究提供地震数据。本章研究的主要内容是地震观测设备集群监控平台的开发与设计，并对地震通信系统的链路性能做了详细分析。本章首先介绍了国内外研究现状，其次详细阐述了地震观测设备集群及链路基本概念和种类，分析各类链路性能指标，并介绍了地震观测设备集群监控系统的设计与开发，然后针对集群监控系统的链路延迟告警阈值设置问题，提出了多链路数据延迟误差比分析算法，最后基于地震观测设备集群监控系统实验平台，利用误差比分析算法对集群监控系统及人工记录的集群设备故障次数进行对比，给出地震观测设备集群各链路延迟的监控告警阈值指标，为地震观测设备集群监控系统的设计提供了参考。

2.1 引言

由于地震行业的特殊性，对地震观测设备与中心系统进行数据交互的实时性要求较高。另外，震后应急救援过程中，其所依赖的流动观测台站、应急通信车、无人机等辅助设备，都需要网络链路的支持。上述所有设备，我们称之为地震观测设备集群。由于地理位置、环境、生产力水平发展等客观因素的影响，集群中的设备通过不同的链路与中心服务器交互，谢德安[1]探讨了影响地震灾区通信方式选择的各个因素，并提出了相应的解决方案，即通信系统采用短波、中小容量微波和一关多址微波通信方式。袁顺等[2,3]介绍了与不同地理环境和不同通信条件对应的不同传输方法，并列举了新疆地震台网中7种不同类型的数据传输方式。朱永莉等[4]讨论了公共交换电话网络(public switched telephone network,

PSTN)通信方式的不足,提出了基于通用分组无线服务(general packet radio service, GPRS)、码分多址(code division multiple access,CDMA)、增强型数据速率 GSM 演进技术(enhanced data rate for GSM evolution,EDGE)等无线网络传输技术,解决远程站点的数据采集和管理问题。李铂等[5]阐述了卫星通信技术,并将其部署在地震观测站和应急网络中。洪惠群等[6]通过卫星通信地球站(very small aperture terminal,VSAT)、海事卫星和3G 链路将灾害现场的地震波形传送到后方指挥部。然而,上述文献没有对地震行业不同类型链路的性能指标进行全面比较,也没有针对不同类型的链路提出监控系统链路故障告警阈值的范围。Sammy Siu 等[7]指出,即使在光纤中,数据传输也会有 0.3397ns/km(C 波段)或 0.3943ns/km(L 波段)的延迟损失,这将对业务造成或多或少的影响。Muhammad H. Raza 等[8]提出一种改进的间接估计链路延迟方法,利用间接反向建模技术,设置路径延迟、丢包率和波动性为度量集合,准确地估计了网络延迟。

上述研究主要集中在影响网络性能的因素上,而在集群监控系统方面,左德霖等[9]利用 GPS 技术对无人值守站内的数据接收器、交流直流电源、网络设备和服务器进行实时监控。孙宏志等[10]在地震台站实现了基于 3G 链路和短消息业务的无线远程监测系统。盛琰等[11]采用扩频微波通信与克拉玛依地震台局域网相联,实现无人值守地震台的远程网络视频监控。特木其勒等[12]对开源软件 Nagios 进行了深入的研究,并建立了地震台网监测系统,实现了对静态设备和服务的可视化监测。高东辉等[13]介绍了 Nagios 的工作原理、功能和特点,通过描述监控系统的安装配置、故障的自动发现和事件控制等功能模块,介绍了黑龙江省地震观测网络监控系统的建设。上述研究大多基于开源软件 Nagios,针对地震观测设备和服务进行监控,其监控总线系统部署在中心,代理软件通过分布式方式部署在各个被监控节点,中心系统与代理软件相互通信。然而在实际应用中,如果不考虑被监控节点的通信链路特点,监控结果将不准确,从而导致设备及服务故障信息的误报或漏报。因此,我们缺乏对地震观测设备集群不同链路状态的研究,仅仅依靠经验来设置监控系统的告警阈值,这是远远不够的。

本章主要做了三方面工作:首先,以上海市地震局地震观测设备集群为例,分析了五类不同链路的特点,给出影响通信质量的主要性能指标;其次,提出了一种多链路延迟误差比分析算法,对实时监控统计数据和真实人工统计数据进行比较;最后,利用误差比分析算法,给出地震观测设备集群各通信链路的监控告警阈值标准。

2.2 系统描述

2.2.1 地震观测设备

地震机构部门部署了大量设备或传感器节点进行地震监测、预报等研究。中国地震局台网中心以及各省地震局拥有前兆、强震和测震三大核心业务体系，每个业务体系都有自己的观测设备。在整个网络拓扑结构中至关重要的还有路由交换设备（如路由器、交换机、防火墙等），用来衔接地震观测设备与局内部服务器，是数据传输的中转或中继。地震业务都依赖于业务办公网络中的各个服务器，包括前兆、强震、测震数据的收集、处理、存储备份，地震系统公文的收发，对外信息的发布，社会服务的实现等。震后应急救援过程中，应急救援人员需要在震区部署流动观测台（图 2-1），用于对震区的密集监控，还需要在地震现场利用应急通信车（图 2-2）等设备组建自组织网络，满足灾区与后方指挥中心、灾区各通信设备之间的通信需求。按照上述标准，本章将地震观测设备划分为前兆设备、强震设备、测震设备、路由交换设备、业务办公设备和应急设备。所有设备构成了地震观测设备集群，支撑着地震业务工作的正常运行。地震观测设备集群是我们后续应急救援移动模型、应急通信系统的研究前提。

图 2-1　流动观测台

图 2-2　应急通信车

2.2.2　地震观测设备通信链路

地震观测设备集群中，数据的传输链路分为有线和无线两种。在有线链路的选择中，地震行业主要采用同步数字体系（synchronous digital hierarchy，SDH）和非对称数字用户线路（asymmetric digital subscriber line，ADSL）。在无线链路的选择中，地震行业主要采用 GPRS、3G、4G、卫星链路等通信方式。

1. SDH 链路

SDH 链路采用信息结构等级，即同步传送模块 STM-N（synchronous transport mode，N=1,4,16,64）进行数据传输，由于采用光缆传输，具有信号稳定、延时短、吞吐能力强等特点。SDH 链路中设备通断状态判断的告警阈值应低于目前地震行业内其他类型的链路。

2. ADSL 链路

在 ADSL 链路中，由长距离电缆和一对调制解调器通过电话线传输数据信号。ADSL

链路具有时延长、吞吐量低的特点，因此性能上不能与SDH链路相匹配。ADSL链路的设备通断状态判断告警阈值应高于SDH链路。由于传输速率的限制，ADSL已经逐步淘汰了。随着电信行业的不断升级提速，ADSL仅仅依靠其低廉成本，在我国一些欠发达地区和城市，以及在世界上的欠发达国家或地区有所应用。

3. GPRS 链路

被称为"2.5G"的GPRS采用无线分组交换技术，理论上最大速率可达171.2kb/s。低吞吐量和长时延使得GPRS链路的设备通断状态判断告警阈值高于3G链路。

4. 3G 链路

作为第三代移动通信技术，由于运营商的不同，3G在中国的标准也各不相同，如中国电信CDMA2000(码分多址2000)、联通WCDMA(宽带码分多址)和中国移动TD-SCDMA(时分同步码分多址)。以上海为例，根据上海通信运营基站的部署和运营商的信号覆盖情况，上海市地震局选择了WCDMA作为一些远程站点的传输链路。理论上，在高速分组接入网络中，WCDMA的上行速率为5.76Mb/s，下行速率为7.2Mb/s。事实上，3G链路中的网络延迟会受到信号衰减的影响。因此，3G链路中设备通断状态判断的告警阈值应高于有线传输链路。

5. 4G 链路

随着数据通信技术的高速发展，第四代移动通信技术已经被广泛应用。2018年7月，工业和信息化部公布《2018年上半年通信业经济运行情况》报告显示，4G用户总数达到11.1亿户，占移动电话用户的73.5%[14,15]。4G系统能够以100～150Mb/s的速度下载，不同的运营商采用不同的4G技术，速度通常与普通的3G相比快20～30倍[14]。由于上海市地震局在初期台站设备部署时，未应用4G类型的链路，因此在样本选择周期内的仿真结果中，不涉及该类型链路的告警阈值设定研究。

6. 卫星链路

由于受地理环境和通信设施的影响，部分地震监测站点必须通过卫星链路传输数据，而不是使用中国电信、中国联通或中国移动提供的服务。卫星链路容易受天气条件、设备状态等的影响，卫星链路传输延迟较长，丢包率较高，尤其是在传输控制协议建立过程中，必须经历"初始不稳定"和"持续稳定"两个阶段，如参考文献[15]所示。因此，卫星链路设备通断状态判断的告警阈值在地震行业目前所采用的传输链路中最高。

7. 其他链路

上述讨论的GPRS、3G、4G、卫星链路中，数据信号都是通过微波进行传输，在震后应急救援中，无人机的应用也需要微波传输的支持。传统的Wi-Fi技术，由于其传输覆盖范围较小,无法满足无人机通信的需求。作为我国首屈一指的无人机公司——大疆公司采用独创的 Lightbridge 图传技术[16]实现无人机与地面通信,其延迟能够控制在 150ms 以内。尽管地震行业偶尔采用无人机进行航拍,对基础地理数据进行采集[17],但大多应用于震后的应急救援中,例如灾区航拍[18]、自组网中继[19]等。在第 6 章,我们将重点讨论无人机侦听和干扰技术,用于震后应急通信场景下的无人机通信安全。另外,随着通信技术的不断发展,5G[20]已经步入人们的日常生活,然而,由于 5G 正处于发展初期,其成本及基础设施目前都不允许地震行业大规模部署,因此本章不讨论这类链路的性能及监控告警阈值设定。

2.2.3 链路性能指标

地震业务产出依赖于链路的稳定性,因此有必要确定不同链路中的 QoS(服务质量)影响因素。地震业务系统根据台站传输的数据进行分析和计算。从不同台站设备收集的数据要求不同。例如,测震 Jopens 系统[21]、强震的烈度计算系统[22]需要来自台站的实时数据;前兆部门对数据的实时性要求较低,因为数据可以稍后处理;几乎整个地震系统的效率取决于核心数据库和路由交换设备的实时性能,因此这些设备是信息系统的关键。从上面的分析可以看出,影响地震业务系统的主要因素之一是网络延迟,网络延迟也是通信链路的关键性能指标之一[23]。本章主要讨论网络延迟对地震业务系统的影响,其他影响因素,如吞吐量、误码率等,由于在地震行业实际应用中不是主要因素,因此本章不再讨论。

2.3 算法设计

为了获得地震观测设备集群中不同类型链路的不同延迟性能,本章对不同传输链路的延迟对地震业务的影响进行了抽样分析和比较,并设计了多链路数据延迟误差比分析算法。本节所有的讨论都是基于统计误差分析方法以及地震行业的实际业务操作展开的,具体是以上海市地震局的 28 套设备、5 类链路为实验样本。为了与实际结果进行比较,得到集群监控系统监测与实际设备状态的比较结果,本章利用多链路延迟误差比分析算法计算了不同延迟的告警阈值设定下集群监控系统实时监测统计与人工统计的偏差。在实际应用中,通过对采集到的样本故障数据与相应的实际故障数据进行比较,得到了集群设备的故障误差率。样本涵盖了各种通信链路类型,为了保证结果的相对准确性,本章对样本进行了周期 135 天的实验记录,得到较为准确的结论。多链路延时误差比的计算如式(2-1)所示:

$$P_{\text{LineType}} = \frac{\left| \sum_{i=1}^{n} TR_i - \sum_{i=1}^{n} AR_i \right|}{\sum_{i=1}^{n} AR_i}, \quad \sum_{i=1}^{n} AR_i \neq 0 \tag{2-1}$$

其中，P_{LineType} 为系统误差比；下标 LineType 为线路类型，本实验涉及五类线路类型，分别为 SDH、ADSL、GPRS、3G 和卫星链路；TR_i 为系统实时监控的设备故障次数；AR_i 为实际设备故障次数。由于实际设备故障直接反馈在用户的全年 7×24 小时不间断的业务系统之上，因此，我们认为 AR_i 为准确的故障次数，选择 AR_i 作为分母，因为与之比较的结果更可靠。n 代表 LineType 类型链路中的集群节点数量。由于所选时间段内系统监控故障次数与实际故障次数之差可能为负值，因此必须取其绝对值，以便在不影响最终结果的情况下，直接比较最终结果。特别地，当 $\sum_{i=1}^{n} AR_i = 0$ 时，式(2-1)的分母为 0，不能进行比较，意味着在所选取的监控时间段内，该类型链路下，所有设备都正常运行，实际未发生故障。此时，我们可以通过直接比较系统实时监控故障次数和实际故障次数来判断告警阈值设定对最终结果的影响(见图 2-6 ADSL 链路中系统实时监控与人工实际统计故障次数比较结果分析)。

2.4 监控平台实验

2.4.1 实验平台介绍

为了分析地震观测设备集群链路性能，作者设计开发了一套地震观测设备集群监控平台(图 2-3)。

该平台监控对象为上海市地震局近 300 台地震观测设备及服务器等，能够全年 7×24 小时实时监控地震观测设备集群。通过该平台，我们不仅能够实时监控集群内所有网络内设备是否正常运行，还能够根据用户的不同需求定制不同的监控策略，在设备出现故障时能及时将故障信息(例如故障时间、故障类型等)通知管理员及相关用户，使这些故障能够得到及时正确的处理，提高地震观测设备的可靠性，将故障影响降低到最小，为震时地震监测数据的实时传输提供可靠保障。监控平台的部分核心代码见附录 1～附录 8。

根据研究内容，监控平台对被监控对象进行了分组，主要包括 SDH 组、GPRS 组、ADSL 组、3G 组、卫星链路组等五个组。表 2-1 为部分被监控集群节点 1 个月内的状态统计。以设备“BJT_shucai”为例，在统计月份内(2010-10-19—2010-11-19)，该设备正常时间

图 2-3 地震观测设备集群监控平台界面

占 90.230%，宕机时间占 9.770%。

表 2-1 部分被监控集群节点 1 个月内(2010-07-19—2010-08-19)的运行状态统计

主 机	主机组“CZTZ”的状态			
	正常时间	宕机时间	不可达时间	不可判断时间
BJSS_10.5.202.11	100.000	0.000	0.000	0.000
BJSS_10.5.202.11_PORT_LISS	100.000	0.000	0.000	0.000
BJSS_10.5.202.16	100.000	0.000	0.000	0.000
BJSS_10.5.202.16 PORT LISS	100.000	0.000	0.000	0.000
BJT_shucai	90.230	9.770	0.000	0.000
DAX_port	100.000	0.000	0.000	0.000
DAX_shucai	100.000	0.000	0.000	0.000
DOT_WX	99.929	0.071	0.000	0.000
DOT_port	98.744	1.256	0.000	0.000
DOT_shucai	98.749	1.251	0.000	0.000
DYS_WX	99.807	0.193	0.000	0.000
DYS_port	99.813	0.187	0.000	0.000
DYS_shucai	99.820	0.180	0.000	0.000
HUH_port	100.000	0.000	0.000	0.000
HUH_router	100.000	0.000	0.000	0.000
HUH_shucai	100.000	0.000	0.000	0.000

本章以该系统为实验平台,选取集群内5类通信链路、28台设备作为实验样本,实验周期共计135天。中心监控服务器的性能及监控参数设置如表2-2所示。根据电信标准化部门(ITU Telecommunication Standardization Sector,ITU-T)的标准,两个用户能够接受0～150ms内的单向传输延迟[24],然而在实际的地震业务需求中,本章通过监控平台的历史数据发现,按照如下的延迟大小进行监控设置是较为合适的:400、600、800、1000、1200、1400、1600、1800、2000ms,共计9个延迟告警阈值。为了满足精度要求,本章对每个阈值选择15天的监控结果,因此总天数为135天。为了获得地震观测设备集群中不同类型链路的不同延迟性能,本章对不同传输链路的延迟对地震业务的影响进行了抽样分析和比较,并设计了多链路数据延迟误差比分析算法。

表2-2 中心监控服务器性能及监控参数

参　数	描　述
中心服务器CPU	Intel® Xeon® 5130@2.00GHz
中心服务器内存	4GB(后期增加至16GB,不影响实验结果)
SDH链路样本数	10(最后取平均值)
卫星链路样本数	2(最后取平均值)
GPRS链路样本数	5(最后取平均值)
3G链路样本数	10(最后取平均值)
ADSL链路样本数	1
轮询周期(T)	每5分钟轮询一次
延迟告警阈值设置(TH_{Delay})/ms	400、600、800、1000、1200、1400、1600、1800、2000
样本数据周期	135天(2014-05-1—2014-09-13)

2.4.2 实验结果

在实验中,通过设置不同的地震观测设备集群链路的延时和告警阈值,我们分别得到了系统实时监控数据和人工实际统计数据。两者的对比结果如图2-4～图2-9所示。从图2-4

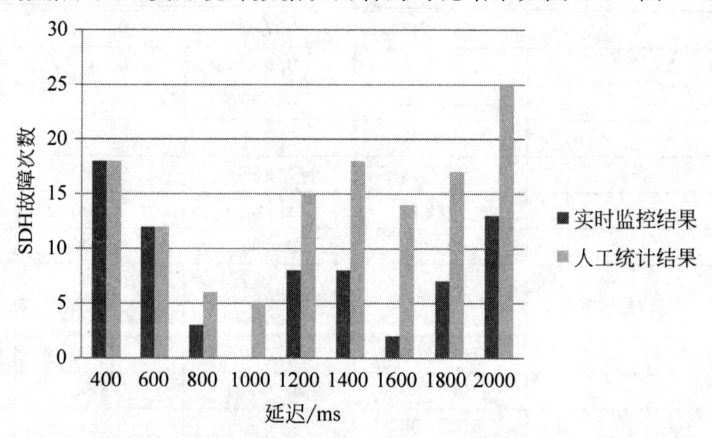

图2-4 SDH链路中系统实时监控与人工实际统计故障次数比较

中我们可以看出，在 SDH 链路中，当延迟阈值设置为 400～600ms 时，系统实时监控结果与人工记录结果趋向一致，而当延迟阈值设置为 600ms 以上时，系统实时监控结果与实际情况偏差增大。在实际中，SDH 线路相对稳定可靠，因此较低的延迟阈值设置能够反映此类链路的状态。

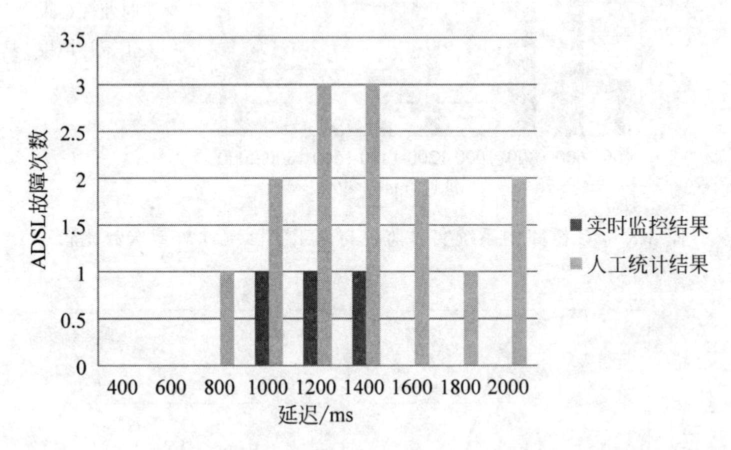

图 2-5　ADSL 链路中系统实时监控与人工实际统计故障次数比较

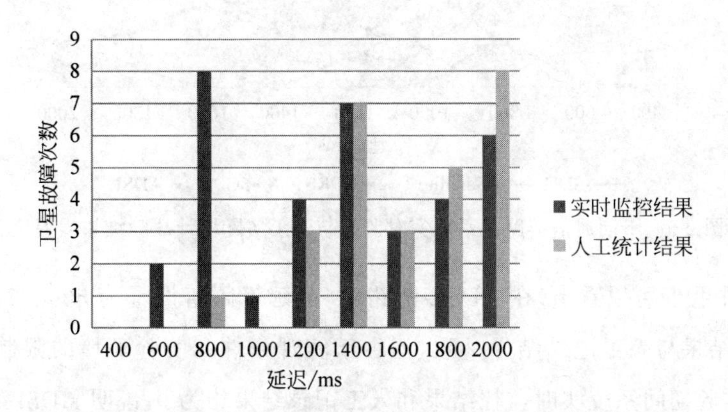

图 2-6　卫星链路中系统实时监控与人工实际统计故障次数比较

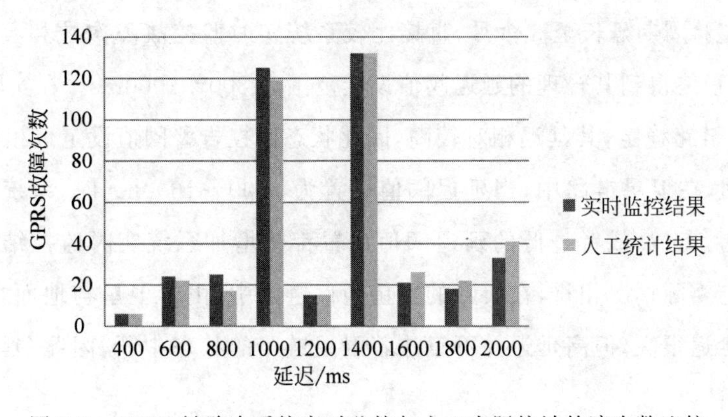

图 2-7　GPRS 链路中系统实时监控与人工实际统计故障次数比较

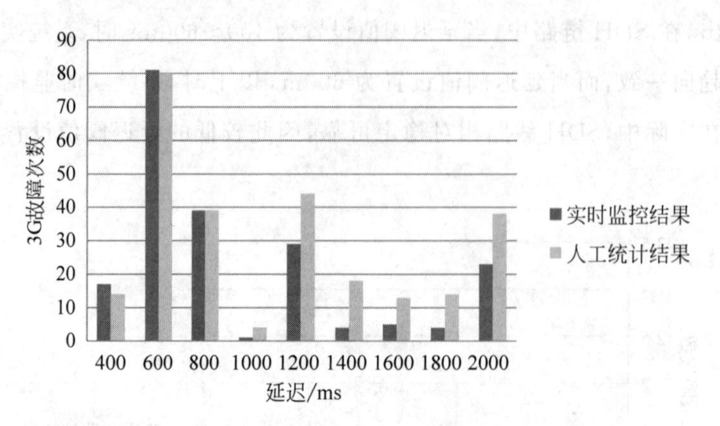

图 2-8　3G 链路中系统实时监控与人工实际统计故障次数比较

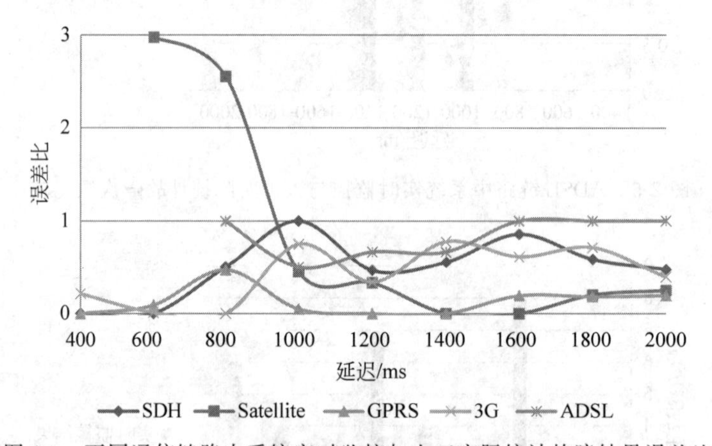

图 2-9　不同通信链路中系统实时监控与人工实际统计故障结果误差比

从图 2-5 中我们可以看出，在 ADSL 链路中，当延迟阈值设置为 500～700ms 时，尽管系统实时监控结果与人工记录结果一致，但由于客观条件和实验环境的限制，实验中只有一个样本，且实验期间系统实时监控结果和人工记录结果均为 0，说明 ADSL 链路确实未发生故障。此时式(2-1)的分母为 0，我们无法通过式(2-1)来计算误差比。最终，我们将 ADSL 链路的实验周期延长至 3 个月，直接比较系统实时监控故障次数和实际故障次数来判断告警阈值，最终得到其合理的延迟阈值设定范围为 800～1000ms。在实际中，ADSL 链路不如 SDH 等链路稳定，其延迟相对较高，因此状态监控告警阈值设定也相应提高。

图 2-6 表明，在卫星链路中，当延迟阈值设置为 1400～1600ms 时，系统实时监控结果与实际结果相近。过高或者过低的延迟阈值设置都将增加系统实时监控结果与实际结果的偏差。这也与实际情况相符，在实际的卫星通信链路中，由于卫星与地面之间距离很大，导致信号传输延迟很高，但高延迟并不意味着卫星链路的状态中断，因此，延迟阈值的设定与实际情况相符。

图 2-7 表明，在 GPRS 链路中，当延迟阈值设置为 1200～1400ms 时，系统实时监控结

果与实际结果相近。过高或者过低的延迟阈值设置都将增加系统实时监控结果与实际结果的偏差。在实际中,GPRS链路一般用于3G链路无法覆盖到的区域,这些区域由于地理环境限制,无法建设SDH等其他链路。GPRS链路传输延迟与通信运营商的基站部署情况相关,例如基站与用户的距离、基站的密度等。

图2-8表明,在3G链路中,当延迟阈值设置为600～800ms时,系统实时监控结果与实际结果相近。过高或者过低的延迟阈值设置都将增加系统实时监控结果与实际结果的偏差。在实际中,与GPRS链路类似,3G链路性能受通信运营商基站部署情况影响较大。

图2-9为在五类通信链路下,系统实时监控结果与人工实际统计结果的误差比。从图2-9中我们可以看出,在SDH链路中,当延迟阈值设置为400～600ms时,系统实时监控结果与人工记录结果趋向一致,误差比趋近于0,而当延迟阈值设置为600ms以上时,系统实时监控结果与实际情况偏差增大,误差比增大,这与图2-4的分析结论一致。在卫星链路中,当延迟阈值设置为800ms时,系统实时监控结果与实际结果的误差比达到最高,而当延迟阈值设置为1400ms或者1600ms时,误差比为0,意味着系统实时监控结果与实际结果一致,因此,在卫星链路中,我们应该把系统的延迟阈值设置为1400～1600ms。在3G链路中,当延迟阈值设置为600～800ms时,误差比为0,当延迟阈值过大或过小,都将导致误差比增大。在GPRS链路中,当延迟阈值设置为1200～1400ms时,误差比为0,当延迟阈值过大或过小,都将导致误差比增大。ADSL链路的特殊性我们在上面已经进行分析阐述,这里不再赘述。根据实验结果,我们最终确定不同链路延迟阈值的设定如表2-3所示。

表2-3　不同链路延迟阈值

链路类型		SDH	Satellite	GPRS	3G	ADSL
延迟阈值 (TH_{Delay})/ms	下限	400	1400	1200	600	800
	上限	600	1600	1400	800	1000

需要注意的是,链路延迟与所在位置、基础网络设施建设、自然条件等因素息息相关,本实验以上海市地震局各台站链路为例,给出了适合上海市地震局地震观测设备集群内各链路的延迟阈值设定。

2.5　地震数据

地震观测设备集群能够在震前、震时和震后不间断观测地震动情况,为应急救援提供科学的观测数据。这些数据包括地震的基本信息、灾害评估信息、应急辅助决策信息等。地震基本信息[25]包括发震时刻、震中经纬度、震级、震源深度等;灾害评估信息[26]包括地震影响范围、灾区灾情基本信息、灾区交通信息、灾区建筑信息、灾区应急避难场所信息、灾区人员伤亡评估信息等；应急辅助决策信息[27]包括灾区所需救援力量信息、灾区所需医护力量信息、灾区交通管制建议、灾区人员疏散建议等。

本书第3章将依据地震观测设备集群及其支撑的技术系统（如地震应急技术系统[28]等）提供的灾害评估信息，建立震后应急救援移动模型，提高救援效率；第5章将以灾害评估信息为多属性决策因素之一，设计震后应急通信网络中下一跳通信节点的选择算法。

2.6 小结

多链路是地震观测设备集群组网的特点。虽然目前集群设备监控系统种类繁多，但大多都没有针对不同链路特点，研究设计合理的故障告警阈值。本章首先对地震观测设备集群进行了归纳总结，分析了集群中不同通信链路的特点，提出了将网络延迟作为链路故障判定的主要性能指标。其次，本章提出了一种误差比分析算法，用于比较实时监测结果与人工实际统计结果的偏差，并给出计算公式。最后，本章依托自主开发的地震观测设备集群监控系统，对五类不同通信链路中的设备延迟阈值进行了实验数据统计与分析，根据误差比分析算法得到不同通信链路故障告警的告警阈值，为地震观测设备集群监控系统的故障告警阈值设定提供了科学依据。基于地震观测设备集群及其支撑的技术系统产出的地震数据，将作为本章之后部分章节的实验数据依据。

地震发生后，在地震应急救援过程中，我们需要将灾区群众的生命放在首位。由于各个区域受灾程度不同，救援人员投入的救灾力量也应与之相匹配。如何根据地震观测设备集群及其支撑的技术系统评估的灾区受灾程度，设计一种灾区救援人员的移动模型，合理分配救援力量，是我们下一章节将要讨论的内容。

参考文献

[1] 谢德安.地震通信方式浅议[J].电信工程技术与标准化，1991(4)：22-26.
[2] 袁顺，李晓东，王宝柱.对地震流动台网组网的初步研究[J].内陆地震，2008，22(4)：332-338.
[3] 袁顺.浅谈新疆测震台网传输链路的改造[J].内陆地震，2011，25(4)：373-378.
[4] 朱永莉，赖敏，孙泽涛.四川省数字强震动台网技术问题及解决办法[J].四川地震，2014(1)：12-14.
[5] 李铂，季爱东，苗庆杰，于澄，刘希强.卫星通信在地震观测台站的应用[J].防灾减灾学报，2011，27(1)：65-69.
[6] 洪惠群，吴楠楠，郭进波，郑黎辉，肖健，王林.跨越台湾海峡人工爆破观测现场通信组网方案研究

[J]. 华南地震,2013,33(1): 93-99.

[7] SIU S,TSENG W H,HU H F,et al. In-band asymmetry compensation for accurate time/phase transport over optical transport network[J]. The Scientific World Journal,2014: 1-8.

[8] RAZA M H,NAFARIEH A,ROBERTSON B. Indirect Estimation of Link Delays by Directly Observing a Triplet of Network Metrics[J]. Procedia Computer Science,2014,32: 1030-1036.

[9] 左德霖,丁文秀,彭懋磊. 无人值守 GPS 站点远程监控系统[J]. 大地测量与地球动力学,2011,31(2): 153-155+159.

[10] 孙宏志,刘一萌,王学成,等. 地震台站无线远程监控及 3G 备用信道方案实现[J]. 防灾减灾学报,2014,30(1): 45-49.

[11] 盛琰,刘富安,毕卉娟,刘盼. 克拉玛依无人值守地震监测站远程网络监控系统的实现[J]. 内陆地震,2012,26(3): 286-290.

[12] 特木其勒,宋化,刘可,等. Nagios 在地震网络监控中的应用[J]. 长江科学院院报,2011,28(11): 36-41.

[13] 高东辉,孟祥龙,张守国,等. 基于 Nagios 的网络监控系统在黑龙江地震监测网络中的应用[J]. 防灾减灾学报,2013,29(2): 67-73.

[14] 袁荣娟. 4G 通信技术特点及发展趋势[J]. 计算机产品与流通,2018(1): 53.

[15] 王兵,王丽娜. 长传播延时卫星环境中 TCP 性能分析[J]. 通信技术,2010(4): 184-186.

[16] 彭晖,吴亚超. 无人机通信技术研究[J]. 警察技术,2019(1): 10.

[17] 汪思梦. 无人机航测数据处理与发布展示系统研究[D]. 昆明: 昆明理工大学,2016.

[18] 杜浩国,张方浩,邓树荣,等. 震后极灾区无人机最优航拍区域选择[J]. 地震研究,2018(2): 209-215.

[19] 袁山洞. 无人机无线图传数据链系统关键模块设计与 FPGA 实现[D]. 长沙: 国防科学技术大学,2015.

[20] MO L,CHENG W,CONTRERAS L M. ZTE 5G transport solution and joint field trials with global operators[C]. Optical Fiber Communication Conference. Optical Society of America,2019.

[21] 吴永权,黄文辉. 数据处理系统软件 JOPENS 的架构设计与实现[J]. 地震地磁观测与研究,2010,31(6): 59-63.

[22] 李山有,金星,陈先,等. 地震动强度与地震烈度速报研究[J]. 地震工程与工程振动,2002(6): 2-8.

[23] 俞中. SDH 网络传输延时的分析计算[J]. 计算机光盘软件与应用,2010(13): 82.

[24] 张文瀚. SDH 光纤自愈环网传输延时的计算与分析[J]. 电力系统通信,2005,26(8): 56-60.

[25] 李光科,巩浩波,张锐,等. 省级震情信息服务平台设计[J]. 国际地震动态,2019(8).

[26] 王晓青,丁香. 基于 GIS 的地震现场灾害损失评估系统[J]. 自然灾害学报,2004(1): 119-126.

[27] 张韶华,杨昆,刘涛,等. 地震应急辅助决策支持系统的设计与实现[J]. 测绘科学,2015(6): 117-121.

[28] 帅向华,姜立新,刘钦,等. 地震应急指挥技术系统设计与实现[J]. 测绘通报,2009(7): 42-45+58.

第3章 基于受灾程度的救援人员四象限移动模型研究

地震发生后,灾区群众急需得到救援,由于各区域受灾程度不同,救援所需的人力、物力也不相同,为了提高救援效率,最大程度减少人员伤亡,本章将依托第2章中地震观测设备集群及其支撑的技术系统提供的灾害评估信息,讨论震后应急救援场景中救援人员的移动模型。首先,本章介绍了应急救援移动模型研究的国内外现状,其次,基于不同区域的受灾程度,提出了一种救援人员四象限移动模型,设计了一种算法用于实现该模型。通过仿真对模型的性能进行了分析,并与传统救援人员移动模型进行了对比,指出了本模型的优越性,最后总结了本章内容。

3.1 引言

由于地震的难预测性,震后应急救援成为减少灾害损失的重要手段。震后应急救援包括物资调度、队伍调度、人员疏散、灾后重建等多个方面,本章主要对震后救援队伍的移动模型进行研究,目的是尽可能减少人员伤亡和财产损失。

破坏性地震发生后,应急救援人员需要第一时间赶赴现场进行救援。由于地震造成的破坏程度不同,需要救援的紧急程度也相应不同。在地震行业中,一般使用烈度来描述地震对地表及工程建筑物影响的强弱程度,烈度是描述救援紧急程度的重要因素之一。地震烈度是指某一地区的地面或各人工建筑物遭受地震影响的强弱程度[1]。影响地震烈度大小的因素包括震级、震源深度、震中距、建筑物抗震设防等级、土壤地质条件、震源机制、地貌和地下水位,等等。由于应急救援与地震烈度息息相关,因此震后快速获得地震烈度分

布是应急救援的关键。目前,烈度快速评估主要依靠以下几种方式[2]:

(1) 在强震动台网密集部署区域,我们能够通过地震动参数与烈度的定量关系,实时获取仪器烈度分布图。例如日本和我国台湾地区,震后能够直接得到地震烈度分布图。

(2) 在强震动台网稀疏部署的区域,我们需要结合地震动衰减关系和场地效应校正后通过网格化插值方式获取仪器烈度分布图。

(3) 在缺少强震动台点部署的区域,我们可以通过历史地震资料统计得到该区域的烈度衰减关系,从而快速得到该区域的烈度分布图,或者通过模拟地震动得到该区域近似的烈度分布图。

总之,上述方法都能够依托地震观测设备集群在地震发生之后快速得到地震烈度分布图,因此,根据烈度反映的受灾区域所需救援的紧急程度来进行应急救援,在实际操作中是可行的。

在已有的灾害事件应急救援人员移动模型研究中,传统的任务分派模型对救援时间的表示及处理方式主要包括数值型[3]、时间窗[4]和线性时间满意度函数[5]等。宋叶等[6]以救援时间满意度最大以及队伍胜任能力最强为目标,建立地震应急救援队伍指派的优化模型,以提高救援效率。潘新超等[7]以救援能力约束为前提条件,建立地震灾害应急救援的调度优化模型,期望用最短时间救治更多伤员。李铭洋等[8]综合考虑应急救援时间满意度和救援人员的胜任度,建立应急救援人员调度分配模型,解决了具有多救援点的突发事件应急救援人员调度问题。李进等[9]针对应急场景下的资源调度问题,建立了多资源多受灾点应急调度模型,设计了基于图论中网络优化和线性规划优化思想的启发式算法,合理调度救灾资源,最大程度减少生命财产损失。潘迁等[10]提出窗口滚动与改进蚁群算法相结合的路径算法,将机器人救援这一技术应用于地震、火灾等救援现场。艾鹭[11]将多属性决策中的 Topsis 法与基于加权法的模糊层次分析法分别应用于地震救援决策模型中,通过对仿真结果做标准差和区分度分析,证明 AHP-Topsis 方法在应急救援模型中更有优势。曹庆奎等[12]针对应急事件中救援人员的调度问题,建立灾民感知满意度模型,以感知满意度最大和救援效果最佳为目标,对救援人员进行调度。然而,上述研究都是基于救援队伍的救援能力以及救援物资储备量,未考虑实际灾害救援过程中的灾区受灾程度。Wex F 等[13]基于灾情的严重程度,建立相应决策支持模型,通过启发式算法,有效配置和调度救援单位,以减少灾害造成的人员伤亡和经济损失。Guo W 等[14]提出了灾难场景中救援人员根据受灾程度进行救援的移动模型,根据救灾进度,将整个受灾区域划分为不同网格,救援人员按照设定的移动模型进行救援。然而,上述研究内容主要针对救援人员通信设备的覆盖范围进行分析,设计算法使得灾害现场通信效率最高,没有对应急救援的最终效果(如救援时间、灾区网格减少量、重灾区减少量等)进行分析。

本章研究并提出一种基于受灾程度的救援人员四象限移动模型(catastrophic intensity-based four-quadrant rescue mobility model,CIBFRMM),尽管只考虑地震烈度因素,但设计的模型具备普适性,能够应用于多种要素决定的地震灾害中,甚至能够应用于其他自然灾害,如洪灾、火灾、台风,等等。本章主要工作如下:首先,结合震后应急救援场景,根据第2章中地震观测设备集群及其支撑的技术系统评估的地震灾情信息,提出一种基于受灾程度的救援人员四象限移动模型;然后,将CIBFRMM与传统救灾移动模型进行比较,评估相同救援时间下重灾区数量、灾区数量、受灾程度值的变化趋势。

3.2 系统模型

3.2.1 场景描述

自然灾害发生后,救援队伍如部队、消防队、医疗队等需要尽快前往受灾区域进行应急救援。在应急救援过程中,救援人力、物资分配对救援工作至关重要。由于各区域受灾程度不同,救援人员位置经常因救援任务的需要而改变。本章以地震灾害场景为例,考虑到可能出现的各种因素,我们设计了救援人员移动模型。

地震发生后,受灾程度(CI)值用来表示该地区的灾害情况有多严重。CI 值越大,所需的救援人员就越多,救援时间也越长。破坏性地震的地震烈度在近场一般呈椭圆形,远场逐渐变为圆形。本章仅考虑破坏性地震对近场的影响,表3-1列出了本章中使用的符号。

表 3-1　参数定义及描述

参　数	描　述
t	记录当前时间的时间计数器
CI_i	第 i 个区域的受灾程度值,该值与地震烈度成正比
$CI_{t,im,n}$	t 时刻,第 i 个烈度区内,第 m 行 n 列区域的受灾程度值
$MN_{t,im,n}$	t 时刻,第 i 个烈度区内,第 m 行 n 列的移动节点
a_i	第 i 个椭圆的长轴长度
b_i	第 i 个椭圆的短轴长度
s_{a_i,b_i}	长宽分别为 a_i 和 b_i 的长方形区域的面积
Δs_i	$s_{a_i,b_i}-s_{a_{i-1},b_{i-1}}$
M	长边中点
T_1	救援人员从 M 点移动到 Δs_1 边界所需的时间
T_2	救援人员从 Δs_1 扩散到 Δs_n 所需的时间
T	救援总时间
C_{MN}	移动节点数

续表

参　数	描　述
C	每个固定节点可访问的最大移动节点数
RN	固定节点
MN	移动节点
ε	单位时间内 CI 值减少的数量，即救援效率
a	网格模型中单个救援区域的边长
R	移动节点的覆盖范围
CS	已救援区域
BS	正在救援区域
RW	未救援区域
RUD	所需救援的紧急程度，RUD 值与本区域内的 CI 值成反比。越靠近震中的区域 RUD 值越小，代表灾情越严重，所需救援的优先级越高；越远离震源中心的区域 RUD 值越大，代表灾情相对轻微，所需救援的优先级越低。$RUD=1$ 的震中受灾区域为矩形，$RUD>1$ 的其他区域为依次向外扩大的矩形环
PHR	象限等级，即划分四分法的次数
PH	所在象限的标识
RT	待处理的救援任务数
NDN	分配的移动救援节点数
M	移动节点总数
OLS	打通生命通道阶段
SRS	扩散救援阶段

地震发生后，我们能够依靠地震观测设备集群及其支撑的技术系统迅速定位地震位置、震级、震源深度等地震基本要素，并能够根据业务系统计算出灾区受灾基本情况。救援人员能够在第一时间获取这些信息，并结合实际灾情进行救援任务部署。救援过程中，灾区信息能够通过震后应急通信网络进行传递共享，救援人员能够通过随身携带的通信设备实时更新灾情信息。

我们把震中作为椭圆的中心，把整个椭圆作为需要救援的区域。椭圆的长、短轴分别是 a_i 和 $b_i(i=1,2,\cdots,n)$。在实际地震发生后，为方便起见，我们用长、宽分别为 a_i 和 $b_i(i=1,2,\cdots,n)$的矩形代替椭圆，用来表示地震影响范围(图 3-1)。在同一烈度区域，CI 值相等。在建立移动模型之前，为了能够进行仿真计算，我们提出以下假设：

假设 3-1：在同一地震烈度区内的 CI 值与 RUD 值各自分别相同，灾区边界外区域的 CI 值为零。

假设 3-2：椭圆的长、短轴长度远远大于每个划分的正方形区域(图 3-2)的边长。

假设 3-3：每个移动救援人员处理单位救援任务的平均时间相同，即救援人员的救援效率相同。

假设 3-4：救援人员需优先处理 RUD 值低的区域的救援任务，即当且仅当 RUD 值低

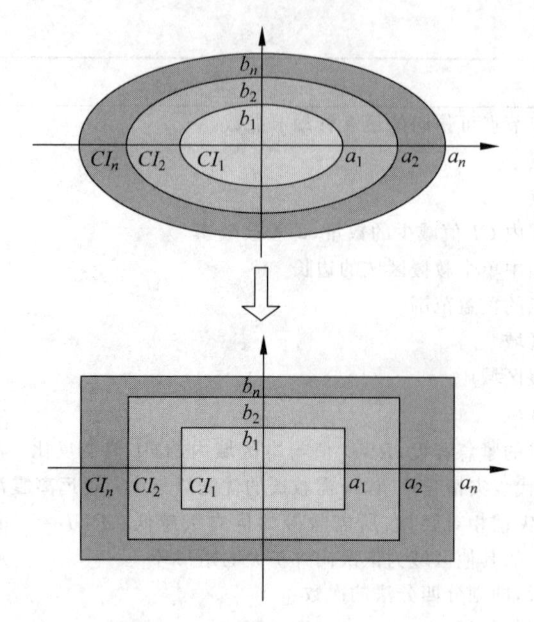

图 3-1 椭圆近似用长方形代替

的区域的救援任务完全完成时,才开始进行 *RUD* 值高的下一区域的救援任务。

假设 3-5: BS 区域内救援人员的移动模型是随机路点模型[15]。*RUD* 值相同的区域,移动救援人员的分布近似均匀分布,以保证救援次序的公平性和合理性。

基于地震观测设备集群及其支撑的技术系统确定灾区的 *CI* 值和救援队伍人数,本章提出一种救援人员四象限移动模型,期望提高救援效率,达到最佳的救援效果,最大程度保障灾区灾民的生命财产安全。该模型主要考虑两方面内容:首先考虑对受灾最严重区域进行救援,其次合理分配各个象限的救援人员,提高救援效率,缩短救援耗费的时间。

我们将文献[14]提出的网格模型应用在地震应急救援场景中,如图 3-2 所示。在该网格模型场景中,有头像的正方形表示正在救援的区域,白色正方形表示已经完成救援的区域,灰色正方形表示等待救援的区域。我们为所有的区域分配了相应的 *CI* 值,以表示不同区域的受灾程度。

按照 *CI* 值的不同,将区域场景分为 n 层,最靠近震中的为第一层,$RUD=1$,其矩形长边为 a_1,短边为 b_1。我们依次定义每个区域的 *RUD* 值为 $1,2,\cdots,n$。震中为 $RUD=1$ 的矩形中心。*RUD* 值相同的区域,其所需救援的紧急程度相同。除 $RUD=1$ 的区域为矩形以外,其余区域均为矩形环。应急通信车停靠在 $RUD=n$ 的矩形环外侧长边中点处,如图 3-3 所示。

由图 3-3 可知,我们用 $\{RUD \mid a_i, b_i\}$ 来标记各区域 *RUD* 和长短边,那么各区域可以表示为:

区域 1: $\{RUD=1 \mid a_1, b_1\}$;

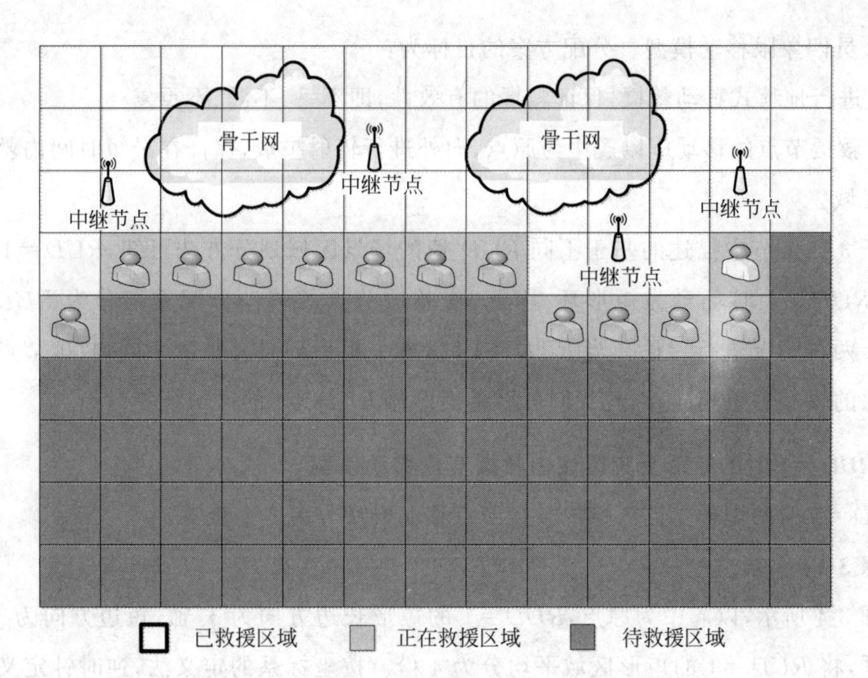

图 3-2 网格化的灾害救援场景模型[14]

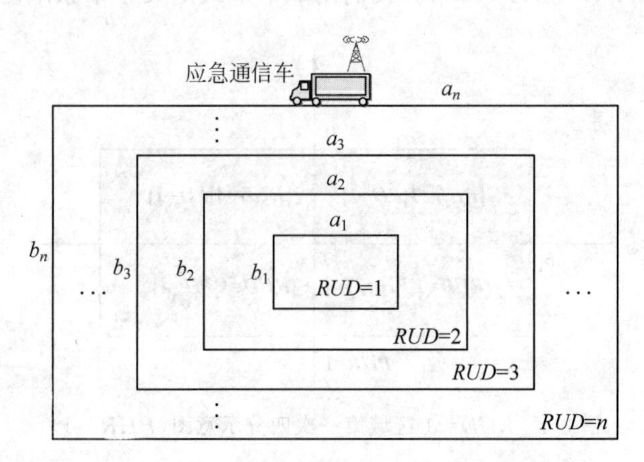

图 3-3 受灾区域场景划分示意图

区域 2：$\{RUD=2|a_2=a_1+a_1/2+a_1/2=2a_1, b_2=b_1+b_1/2+b_1/2=2b_1\}$；

区域 3：$\{RUD=3|a_3=a_2+a_2/2+a_2/2=2a_2=4a_1, b_3=b_2+b_2/2+b_2/2=2b_2=4b_1\}$；

……

根据数学归纳法可知，当 $RUD=i$ 时，矩形环的外侧长边为 $a_i=2a_{i-1}=2^{i-1}a_1$，短边为 $b_i=2b_{i-1}=2^{i-1}b_1$。

3.2.2 救援人员四象限移动模型

本节提出一种基于四分法思想的四象限救援节点分配方案，基于该分配方案，提出一种救援人员四象限移动模型。分配方案的目标为：

(1) 进行地毯式移动救援，保证救援的有效性，即不丢、不漏、不重复。

(2) 救援节点的移动应以震中为原点，向外进行辐射扩散，保证在最短时间内救援受灾最严重区域。

基于3.2.1节中描述的基于不同RUD值的场景区域划分方法可知，$RUD=1$时场景为矩形，$RUD>1$时场景为矩形环，因此，对救援节点的移动分配方案分为$RUD=1$与$RUD>1$两种情况进行讨论。当$RUD>1$时，多个矩形环只有长度不同，救援节点的分配模型算法的核心思想相同，因此我们可以将矩形环$RUD>1$的区域统一讨论。

1. *RUD*=1时的矩形受灾区域内救援节点移动模型

$RUD=1$时的矩形受灾区域内救援节点移动模型分为5个步骤。

步骤3-1：

如图3-4所示，以震中为原点，$RUD=1$的矩形长边方向为x轴，短边方向为y轴，建立坐标系，将$RUD=1$的矩形区域平均分为4份。按坐标系的定义法，逆时针定义4个象限$PH=1$，$PH=2$，$PH=3$，$PH=4$。我们用如下形式定义各个象限区域：

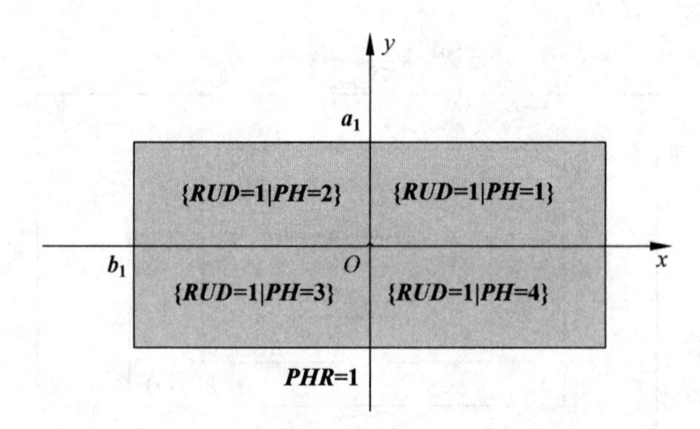

图3-4 $RUD=1$区域第一次四分示意图($PHR=1$)

象限1：$\{RUD=1|PH=1\}$；象限2：$\{RUD=1|PH=2\}$；象限3：$\{RUD=1|PH=3\}$；象限4：$\{RUD=1|PH=4\}$。

假设从应急通信车出发的救援节点总数为M个，$RUD=1$的区域总救援任务为Q个，即$RT_{PHR=0}^{RUD=1}=Q$，每个象限内的待救援任务数为：$RT_{PH=k}^{RUD=1}=\lceil Q/4\rceil$，$k=1,2,3,4$。将救援节点平均分配至4个一级象限中，各个象限分配到的救援节点数(NDN)分为如下4种情形：

情形3-1：$\mathrm{Mod}[M/4]=0$。在该情形下，四个一级象限分别分配到总救援节点数的1/4，即$NDN_{PH=k}^{RUD=1}=\dfrac{M}{4}$，$k=1,2,3,4$。

情形3-2：$\mathrm{Mod}[M/4]=1$。在该情形下，第一象限多分配一个救援节点，即$NDN_{PH=1}^{RUD=1}=$

$\frac{M-1}{4}+1, NDN_{PH\neq 1}^{RUD=1}=\frac{M-1}{4}$。

情形 3-3：$\text{Mod}[M/4]=2$。在该情形下，第一、第二象限各多分配一个救援节点，即 $NDN_{PH=1或2}^{RUD=1}=\frac{M-2}{4}+1, NDN_{PH=3或4}^{RUD=1}=\frac{M-2}{4}$。

情形 3-4：$\text{Mod}[M/4]=3$。在该情形下，第一、第二、第四象限各多分配一个救援节点，即 $NDN_{PH\neq 3}^{RUD=1}=\frac{M-3}{4}+1, NDN_{PH=3}^{RUD=1}=\frac{M-3}{4}$。

步骤 3-2：

按照步骤 3-1 的方法，将每个一级象限进一步分成 4 个二级象限，总共分成如图 3-5 所示的 16 个二级象限。由此可知，当 PHR 为几级时，PH 的集合内元素就应该有几个。例如图 3-5 中的$\{RUD=1|PH=\{1,3\}\}$代表该区域的一级象限位置为第一象限，二级象限位置为第三象限。该象限是第 2 级，PH 集合里一共有 2 个元素，这些元素依次记录了从第一级到最后一级的象限 ID。

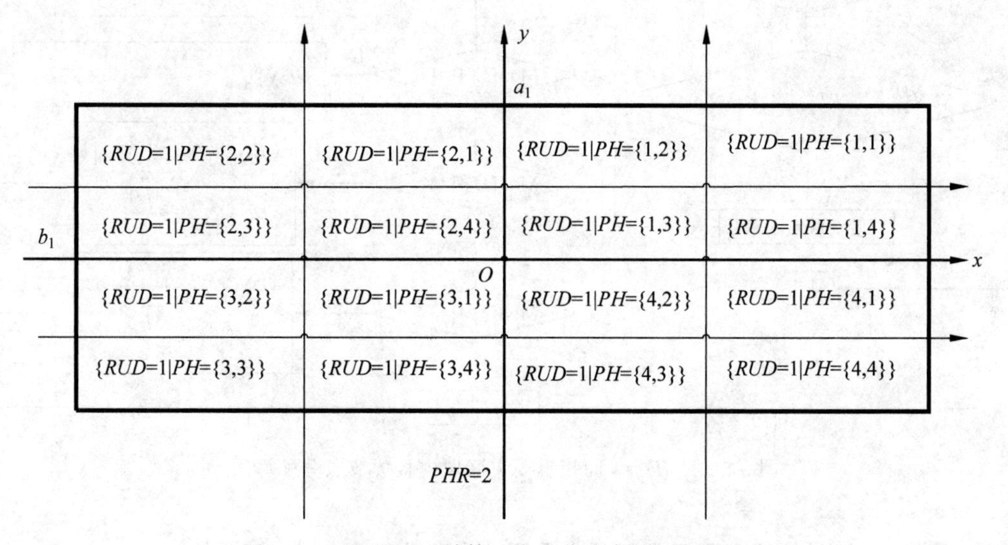

图 3-5 $RUD=1$ 区域第二次四分示意图($PHR=2$)

步骤 3-3：

对于第 k 级象限，将 M 的值替换成$RT_{PH=k}^{RUD=1}$ 的值。重复步骤 3-1 计算方法，为每一个 k 级四分象限计算救援节点分配数(NDN)。

步骤 3-4：

重复步骤 3-2、步骤 3-3，直至达到四分法终止条件 3-1 或四分法终止条件 3-2。

四分法终止条件 3-1：

第 k 级象限每个区域的救援节点仅有一个，即 $NDN_{PH=k}^{RUD=1}=1, k=1,2,3,4$。此时进一步执行四分法将不再有意义，该区域唯一一个救援节点将完成 k 级象限内的所有救援任务。

四分法终止条件 3-2：

第 k 级象限内的救援任务点的数量小于救援节点分配数，即 $NDN_{PH=k}^{RUD=1} \geqslant RT_{PH=k}^{RUD=1}$，$k=1,2,3,4$，此时每个节点至多分配到一个救援任务，并且有空闲救援节点。

步骤 3-5：

停止四分法分配，救援节点开始执行各自的救援任务。

$RUD=1$ 时的矩形受灾区域内救援节点分配算法流程图见图 3-6。

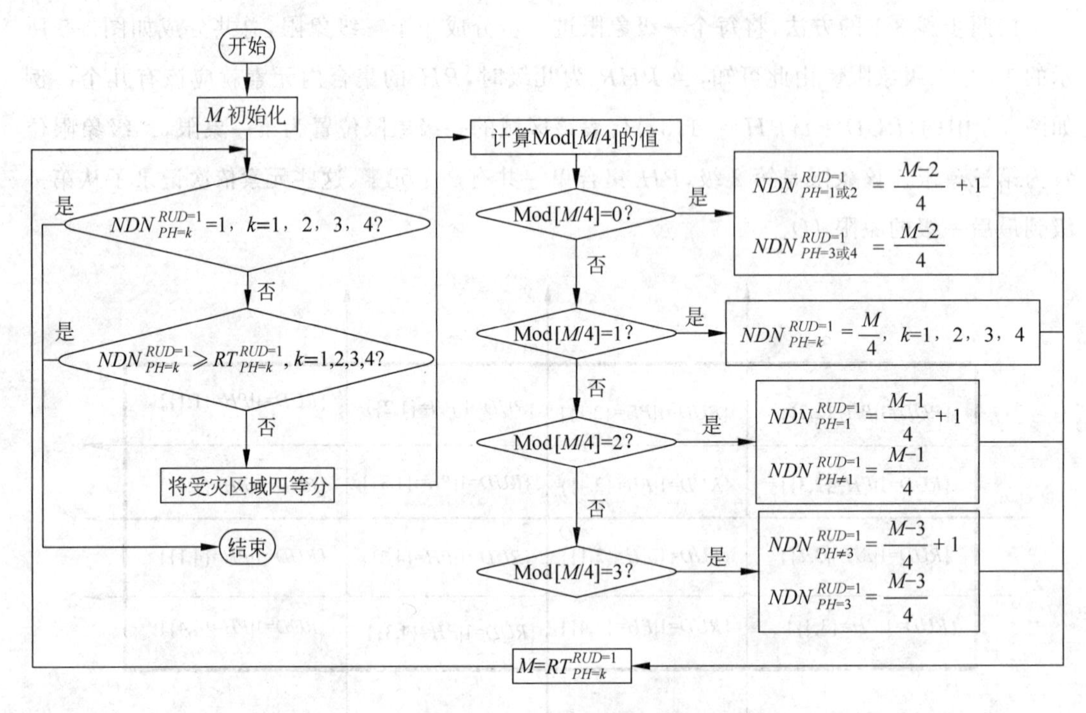

图 3-6 $RUD=1$ 时矩形受灾区域内救援节点分配算法

2. *RUD* >1 时的矩形环受灾区域内救援节点移动模型

根据模型的基本假设可知，上一级 RUD 值较小区域的救援任务全部完成以后，才可以继续下一级 RUD 值较大区域的救援任务，如图 3-7 所示。正在执行救援任务的节点分布在的灰色矩形区域内，待分配的受灾区域为白色的矩形环区域。

$RUD>1$ 时的矩形环受灾区域内救援节点移动模型分为 4 个步骤。

步骤 3-6：

对矩形环一级象限进行划分。以该矩形环内侧的 4 个顶点为原点，分别建立 4 个坐标系。如图 3-8 所示，则该矩形环被坐标轴平均分成了 12 个一级象限。这也是我们在定义不

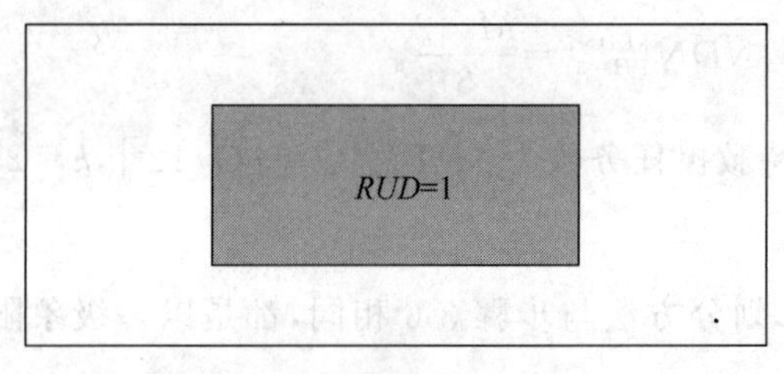

图 3-7 $RUD>1$ 时的矩形环场景示意图

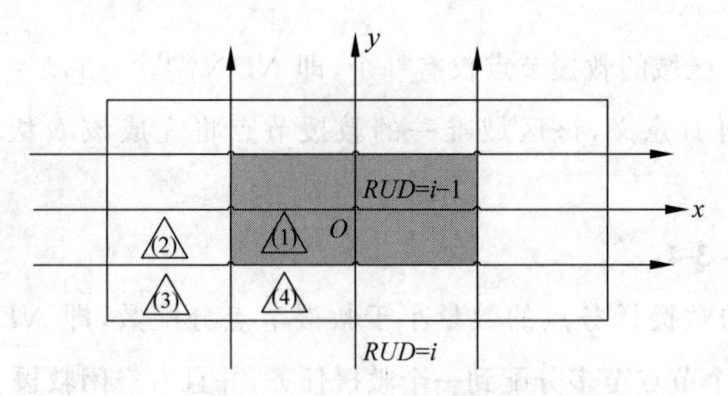

图 3-8 $RUD>1$ 时的一级象限划分示意图

同 RUD 值区域时，一定要保证上一级区域的长度是下一级区域长度的 1/2 的原因。因为只有保持了 1/2 的 RUD 区域划分，此时每个象限的面积才相等(即图 3-8 所示的 4 个三角标注的区域面积相等)。

步骤 3-7：

由步骤 3-6 可知，每个坐标系内，有 3 个一级象限等待分配救援节点，被分配的救援节点全集中在该坐标系剩下的那个一级象限内。救援节点分配数应按照除 3 取余的情况分类讨论，这也是同 $RUD=1$ 相比的主要不同之处($RUD=1$ 时，一级象限是除 4 取余)。我们为 3 个 $RUD>1$ 的一级象限分配救援节点数，假设 $RUD=i-1$ 处的救援节点总数为 M 个，$RUD=i$ 的区域总救援任务为 Q 个，即 $RT_{PHR=0}^{RUD=i}=Q$，以图 3-8 所示的 4 个三角标注的区域为例，则对 4 个一级象限的救援节点数(NDN)做如下 3 种情形的类平均分配：

情形 3-5：$\text{Mod}[M/3]=0$。在该情形下，3 个一级象限分别分配到总救援节点数的 1/3，即 $NDN_{PH=k}^{RUD=i}=\dfrac{M}{3}$，$k=2,3,4$。

情形 3-6：$\text{Mod}[M/3]=1$。在该情形下，第二象限多分配一个救援节点，即 $NDN_{PH=2}^{RUD=i}=\dfrac{M-1}{3}+1$，$NDN_{PH=3或4}^{RUD=i}=\dfrac{M-1}{3}$。

情形 3-7：$\text{Mod}[M/3]=2$。在该情形下，第二、第四象限各自多分配一个救援节点，即

$NDN_{PH=2或4}^{RUD=i}=\frac{M-2}{3}+1, NDN_{PH=3}^{RUD=i}=\frac{M-2}{3}$。

此时每个象限内的待救援任务数为：$RT_{PH=k}^{RUD=i}=\lceil Q/12 \rceil, k=2,3,4$。

步骤 3-8：

从第二级象限开始，划分方法与步骤 3-6 相同，都是以一级象限的中点为原点，建立坐标系，四分一级象限区域。重复操作步骤 3-7 的划分法与取余计算，直至达到四分法终止条件 3-3 或四分法终止条件 3-4。

四分法终止条件 3-3：

第 k 级象限每个区域的救援节点仅有一个，即 $NDN_{PH=k}^{RUD=i}=1, k=1,2,3,4$。此时进一步执行四分法将不再有意义，该区域唯一的救援节点将完成该 k 级象限内的所有救援任务。

四分法终止条件 3-4：

第 k 级象限内的救援任务点的数量小于救援节点分配数，即 $NDN_{PH=k}^{RUD=i} \geqslant RT_{PH=k}^{RUD=i}$，$k=1,2,3,4$，此时每个节点至多分配到一个救援任务，并且有空闲救援。

步骤 3-9：

停止四分法分配，救援节点开始各自的救援任务。

$RUD>1$ 时的矩形环受灾区域内救援节点分配算法流程图见图 3-9。

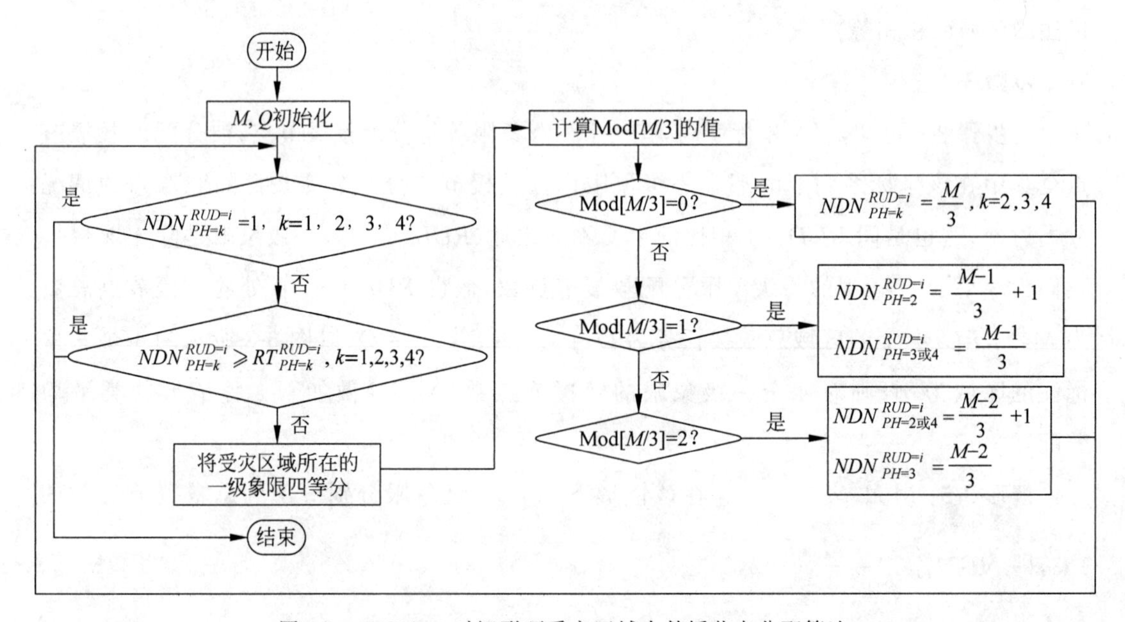

图 3-9 $RUD>1$ 时矩形环受灾区域内救援节点分配算法

至此，基于四分法思想的二维四象限救援节点分配与移动模型中的所有场景（$RUD=1$ 矩形区域多级四分，$RUD>1$ 时矩形环一级三分，大于一级四分）的分配方案均讨论完毕。

3.3 算法设计

在灾区大规模应急救援行动中,救援人员一般从灾区边界的几个正方形区域出发,执行救援任务。本节提出了基于受灾程度的救援人员四象限移动模型(CIBFRMM)算法的实现,期望达到最优救援效率。移动模型如图 3-10 所示。

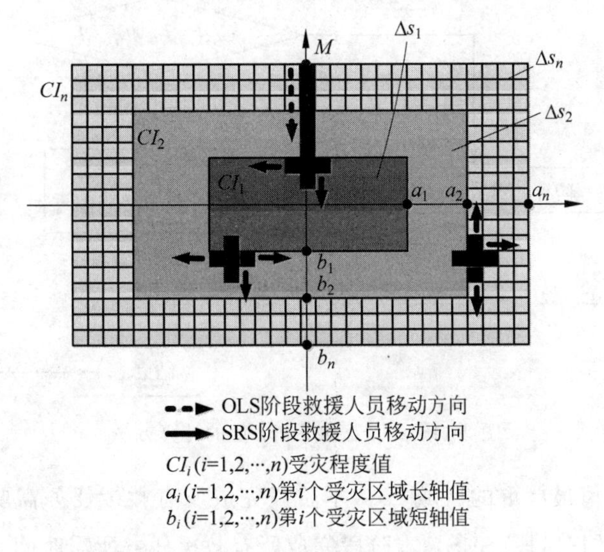

图 3-10 基于受灾程度的救援人员四象限移动模型

以震中所在位置为中心点,各个受灾区域的面积为 s_{a_i,b_i} $(1\leqslant i\leqslant n)$,$\Delta s_i=s_{a_i,b_i}-s_{a_{i-1},b_{i-1}}$,特别的,$a_0=b_0=0$,$s_{a_0,b_0}=0$,因此 $\Delta s_1=s_{a_1,b_1}$。显然,如果救援人员从长边的中点开始,向震中移动,能够最快到达灾情最重的震中区域。尽管我们无法保证救援人员第一时间到达的灾区边界就是长边中点,但目的都是向震中移动,保证最快到达灾情最重区域。本章提出的算法与救援人员初始位置无关,适用于灾区边缘的任何初始位置。本节以救援人员直接从矩形长边的中点 M 移动到受灾程度值最大的区域 Δs_1 为例。

救援人员在文献[14]中提出的网络模型中向下、向左或向右移动,以完成救援任务。当救援人员遇到 Δs_1 或 CS 区域的边界时,他们会转向除 Δs_1 边界或他们来时以外的其他方向。如果救援人员的目的地是 RW 区域,他们就直接进行救援工作,如果他们的目的地是 BS 地区,他们会与其他救援人员一起行动。所有救援人员重复此过程,直到整个区域 Δs_1 完成应急救援任务,之后所有救援人员在 Δs_2 区域内重复上述过程,直到该区域完成救援任务,最后,所有受灾区域得到救援。每个区域内 CI 值的计算流程如图 3-11 所示。

CIBFRMM 分为两个阶段。第一阶段我们称之为打通生命通道阶段(OLS),救援人员

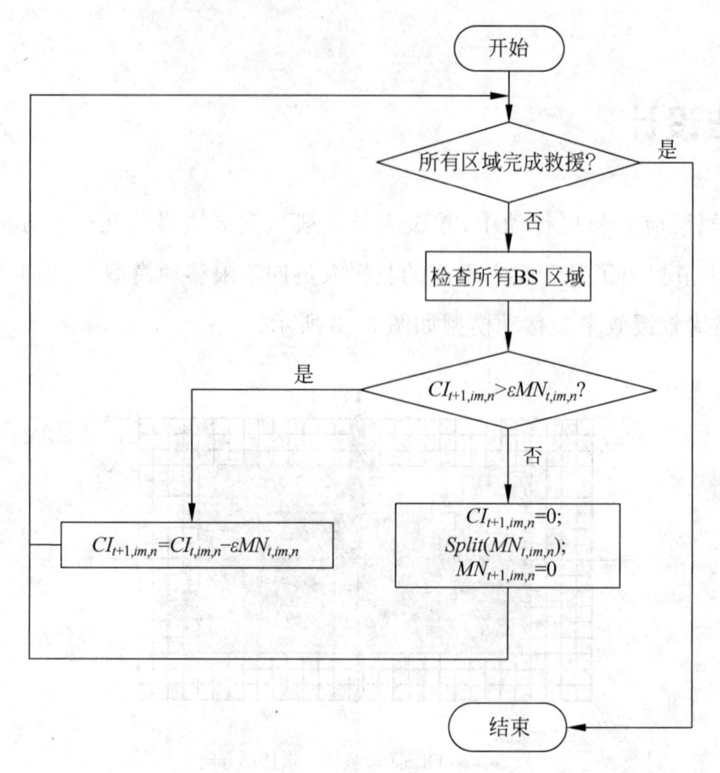

图 3-11　每个区域内 CI 值的计算方法

从中点 M 移动到灾情最严重的区域 Δs_1，本阶段完成所有救援任务需要时间 T_1。第二阶段我们称之为扩散救援阶段(SRS)，本阶段完成所有救援任务所需时间为 T_2。完成灾区所有救援任务需要时间为 $T(T=T_1+T_2)$。

$$T_1=\sum_{i=1}^{n-1}\frac{CI_{i+1}}{\varepsilon\cdot C_{\mathrm{MN}}}\cdot\frac{a_{i+1}-a_i}{a} \tag{3-1}$$

其中，T_1 为打通生命通道阶段完成救援任务所需的救援时间；CI_{i+1} 为第 $i+1$ 个救援区域的受灾程度值；a_{i+1}，a_i 分别为第 $i+1$ 和第 i 个受灾区域的长边长度；ε 为救援效率；C_{MN} 为救援人员数量；a 为网格模型中单个救援区域的边长(图 3-10)。

$$T_2=\sum_{i=1}^{n}\frac{\Delta s_i}{a^2}\cdot\frac{CI_i}{\varepsilon\cdot C_{\mathrm{MN}}} \tag{3-2}$$

其中，T_2 为扩散救援阶段完成救援任务所需的救援时间；Δs_i 为第 i 个矩形环区域面积；CI_i 为第 i 个救援区域的受灾程度值；ε 为救援效率；C_{MN} 为救援人员数量；a 为网格模型中单个救援区域的边长。

$$T=\sum_{i=1}^{n-1}\frac{CI_{i+1}}{\varepsilon\cdot C_{\mathrm{MN}}}\cdot\frac{a_{i+1}-a_i}{a}+\sum_{i=1}^{n}\frac{\Delta s_i}{a^2}\cdot\frac{CI_i}{\varepsilon\cdot C_{\mathrm{MN}}} \tag{3-3}$$

其中，T 为救援所需总时间，其他变量已在前面做过说明，这里不再赘述。

图 3-11 显示了各灾区在整个救援过程中的 CI 值变化趋势。在扩散救援阶段，救援人

员在完成当前区域的救援任务后检查相邻区域的 CI 值。

不失一般性，救援人员可能向上、向下、向左或向右移动。但是，救援人员在移动到下一个 BS 或 RW 区域前，需要首先完成所在区域的救援任务，因此 4 个相邻区域中，至少一个区域的 CI 值为零。因此，救援人员只能向其他 3 个方向移动。此外，我们还应考虑一种特殊情况，当相邻区域的 CI 值都为 0，救援人员需通过震后应急网络进行通信，得到其他救援人员的位置信息，根据灾区现场的救援进度来寻找最近的 BS 或 RW 区域，此时救援人员需要经过 CI 值为 0 的区域。需要注意的是，在同一烈度的区域全部得到救援之前，救援人员不能离开当前区域。

CIBFRMM 算法描述如表 3-2 所示。在第一级象限划分之后的救援任务中，首先将计数器及相邻受灾区域的 CI 值初始化为 0，然后判断相邻受灾区域的状态，其优先级从高到低依次为：未救援区域＞正在救援区域＞救援完成区域。根据相邻受灾区域的优先级，救援人员选择移动方向，并更新计数器，重新计算受灾区域的 CI 值，直至完成第一级四个象限所有区域的救援任务。之后按照 3.2.2 节中的分配方法划分第二级以上的象限，在第二级以上象限划分之后的救援任务中，重复第一级象限中的救援人员移动过程，直至完成所有区域的救援任务。

表 3-2　CIBFRMM 算法

步骤	内　容
1	D=0；//计数器初始化
2	$F_l=F_r=F_u=F_d=0$；//相邻受灾区域 CI 值初始化
3	IF($CI_{t,im-1,n}\neq 0$)　{$F_u=1$,D++；}//计算相邻受灾区域的 CI 值，计数器，重置 CI 值
4	END IF
5	IF($CI_{t,im+1,n}\neq 0$)　{$F_d=1$,D++；}
6	END IF
7	IF($CI_{t,im,n-1}\neq 0$)　{$F_l=1$,D++；}
8	END IF
9	IF($CI_{t,im,n+1}\neq 0$)　{$F_r=1$,D++；}
10	END IF
11	IF($F_u=1$)$MN_{t+1,im-1,n}=MN_{t,im-1,n}+MN_{t,im,n}/D$；//根据相邻受灾区域的 CI 值确定移动方向
12	END IF
13	IF($F_d=1$)$MN_{t+1,im+1,n}=MN_{t,im+1,n}+MN_{t,im,n}/D$；
14	END IF
15	IF($F_l=1$)$MN_{t+1,im,n-1}=MN_{t,im,n-1}+MN_{t,im,n}/D$；
16	END IF
17	IF($F_r=1$)$MN_{t+1,im,n+1}=MN_{t,im,n+1}+MN_{t,im,n}/D$；
18	END IF
19	IF($F_l=F_r=F_u=F_d=0$)MoveRandom($MN_{t,im,n}$)；//如果相邻受灾区域 CI 值都为 0，则随机移动
20	END IF
21	RETURN($MN_{t+1,im-1,n}$,$MN_{t+1,im+1,n}$,$MN_{t+1,im,n-1}$,$MN_{t+1,im,n+1}$)

3.4　仿真实验

本节利用 MATLAB 进行了仿真实验，对所提出的移动模型 CIBFRMM 进行了性能评价。我们将 CIBFRMM 与文献[14]中提出的传统移动模型（TMM）进行了比较，详细仿真参数见表 3-3。部分仿真源代码见附录 9。

表 3-3　仿真参数

参数描述	值	参数描述	值
节点数/个	100	CI_2	20
范围	20km×20km	CI_3	10
CI_1	30	救援人员单位区域内救援效率	1

图 3-12 展示了我们在实验中假设的三维地震场景，中心部分为烈度值最高的区域。在本仿真实验中，我们模拟了 3 种受灾程度不同的区域，其中，震中区域的受灾程度值最高（$CI_1=30$），该区域为重灾区。另外两个区域受灾程度依次递减，分别为 $CI_2=20$，$CI_3=10$，这两个区域为普通灾区。以 $CI_1=30$ 的震中附近区域中心为中心点进行象限划分，对救援人员进行分配。本节从重灾区数量、灾区数量、CI 值等 3 个角度对 CIBFRMM 与 TMM 两种移动模型进行比较，分析在两种不同的救援人员移动模型下的救援效率。

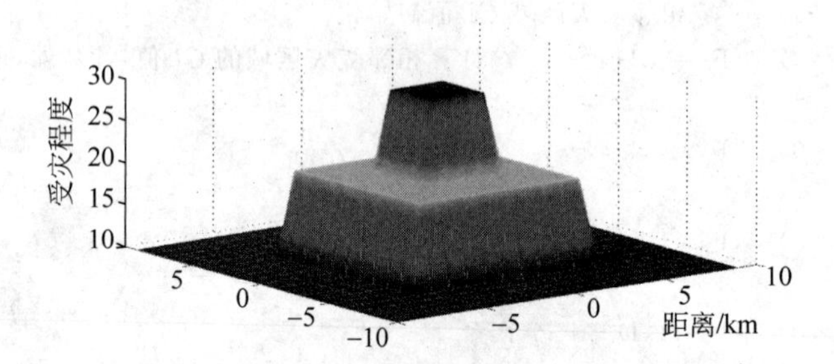

图 3-12　模拟受灾程度不同的地震场景

3.4.1　重灾区数量

破坏性地震发生后，高烈度区受灾最严重，需要被救援的迫切程度最高，救援人员需尽快完成这些区域的应急救援，如图 3-12 中以（0，0，0）为中心，烈度值为 CI_1 的区域。明显的，救援效率与救援时间成反比，图 3-13 显示了救援时间随重灾区数量的变化趋势。从图 3-13 中看出，在对重灾区（$CI=30$）的救援过程中，移动模型 TMM 所需的救援时间大于

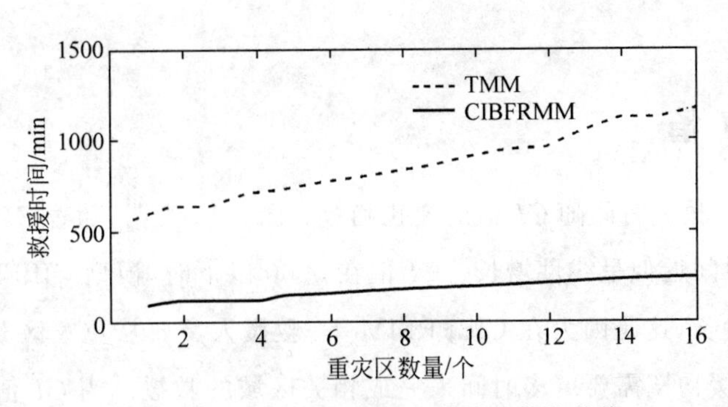

图 3-13　救援时间随重灾区数量的变化趋势

移动模型 CIBFRMM 所需的救援时间。这是因为在 TMM 下,救援人员从灾区边缘地区一步一步地开始他们的救援任务,而在 CIBFRMM 下,救援人员通过打开生命通道阶段直接移动到重灾区,然后以重灾区为中心,向四周扩散救援,直至所有重灾区都得到救援。随着重灾区数量的增加,两种移动模型下的救援时间也在增加,这与实际救援场景是一致的。

3.4.2　灾区数量

图 3-14 显示了救援时间随灾区数量的变化趋势。

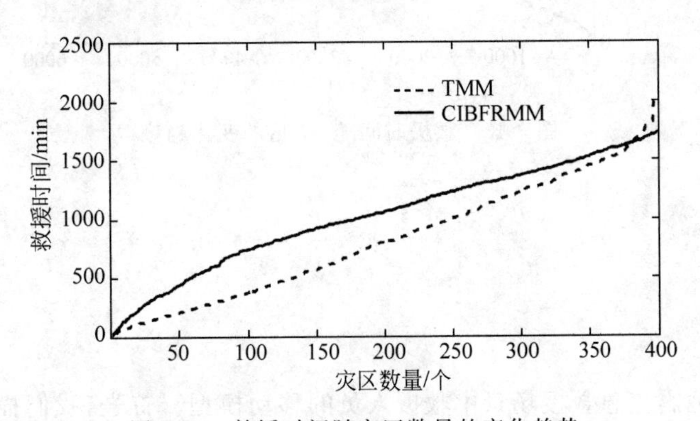

图 3-14　救援时间随灾区数量的变化趋势

从图 3-14 可以看出,在两种移动模型下,救援时间随着整个灾区受影响区域数量的增加而增加。当受影响区域数量小于 380 时,完成所有区域的救援,TMM 需要的时间小于 CIBFRMM 需要的时间。这是因为在相同的救援效率下,救援人员从 TMM 中 *CI* 值较小的区域开始救援,而在 CIBFRMM 中,救援人员从 *CI* 值较大的区域开始救援。当受影响区域数量(即灾区数量)超过 380 时,CIBFRMM 所需的救援时间小于 TMM 所需的救援时间,这是因为在 CIBFRMM 后期,救援人员主要对 *CI* 值较小的受灾区域救援,其整体移动特性使得救援效率提高,救援时间缩短;而在 TMM 中后期,由于救援人员会遇到 *CI* 值较高的区域进行救援,其散射(即不规则)移动特性使得救援效率降低,救援时间延长。

3.4.3 *CI* 值

图 3-15 显示了救援时间随 *CI* 值的变化趋势。图 3-15 表明，随着 *CI* 值的增加，两种模型所消耗的救援时间近似呈线性增长。*CI* 值在 5000 以下时，模型 CIBFRMM 下消耗的救援时间比 TMM 稍长，这是因为在 CIBFRMM 下，救援人员要从重灾区开始他们的救援任务，所以他们在救援初期需要更多时间来完成相关区域的救援。当 *CI* 值大于或等于 5000 时，TMM 下的救援时间超过 CIBFRMM 下的救援时间，这与图 3-14 的结果一致，因为在 CIBFRMM 下，救援人员的位置相对集中，这样会提高相关区域的整体救援效率，从而减少救援时间。

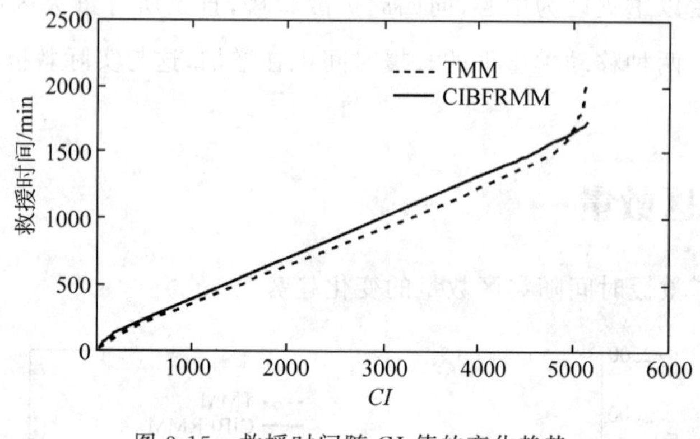

图 3-15　救援时间随 *CI* 值的变化趋势

3.5 小结

本章研究了地震应急救援场景中救援人员的移动模型。首先，我们描述了地震应急救援场景。其次，为缩短重灾区救援时间，我们提出了一种新的救援人员移动模型 CIBFRMM，并给出了 CIBFRMM 的算法，同时给出了各救援阶段所需救援时间的计算公式。按照这种移动模型，震后能够提高重灾区的救援效率。我们通过模拟地震场景来评估 CIBFRMM 的性能。我们将 CIBFRMM 与 TMM 进行了比较，结果表明，在重灾区，模型 CIBFRMM 下所需的救援时间小于 TMM 所需的救援时间。尽管救援人员在 CIBFRMM 的初期需要打通生命通道，花费了更多的时间，但这对于挽救生命是值得的。本章中，我们仅提出了一种救援人员的移动模型，没有考虑救援过程中节点间的相互通信及震后应急通信网络路由协议[16]。在第 4 章，我们将介绍震后应急通信的相关内容；在第 5 章，我们将研究震后应急通信网络中下一跳通信节点的选择；之后，我们结合本章提出的救援人员四象限移动模型，在第 6 章研究震后应急通信网络路由协议。

参考文献

[1] 胡聿贤. 地震工程学[M]. 2 版. 北京：地震出版社，2006：44-47.

[2] 王德才，倪四道，李俊. 地震烈度快速评估研究现状与分析[J]. 地球物理学进展，2013，28(4)：1772-1784.

[3] 胡信布，何正文，徐渝. 基于资源约束的突发事件应急救援鲁棒性调度优化[J]. 运筹与管理，2013，22(2)：72-79.

[4] 杨力，刘程程，宋利，等. 基于熵权法的煤矿应急救援能力评价[J]. 中国软科学，2013(11)：185-192.

[5] 袁媛，樊治平，刘洋. 突发事件应急救援人员的派遣模型研究[J]. 中国管理科学，2013(2)：152-160.

[6] 宋叶，宋英华，刘丹，等. 基于时间满意度和胜任能力的地震应急救援队伍指派模型[J]. 中国安全科学学报，2018(8).

[7] 潘新超，刘勤明，叶春明. 基于能力约束的地震灾害应急救援调度优化研究[J]. 上海理工大学学报，2017，39(6)：549-555.

[8] 李铭洋，曲晓宁，李博，等. 考虑多救援点的突发事件应急救援人员派遣模型[J]. 运筹与管理，2018，27(8)：50-56.

[9] 李进，张江华，朱道立. 灾害链中多资源应急调度模型与算法[J]. 系统工程理论与实践，2011，31(3)：488-495.

[10] 潘迁，李伟，张云群，等. 滚动窗口与蚁群算法结合的机器人路径规划[J]. 机械制造，2012，50(9)：25-28.

[11] 艾鹭. 基于 AHP-Topsis 方法的地震应急救援决策应用研究[D]. 哈尔滨：哈尔滨工程大学，2016.

[12] 曹庆奎，王文君，任向阳. 考虑灾民感知满意度的突发事件应急救援人员派遣模型[J]. 价值工程，2017，36(2)：82-85.

[13] WEX F, SCHRYEN G, FEUERRIEGEL S, et al. Emergency response in natural disaster management: Allocation and scheduling of rescue units[J]. European Journal of Operational Research，2014，235(3)：697-708.

[14] GUO W，HUANG X，LIU Y. Dynamic relay deployment for disaster area wireless networks[J]. Wireless Communications and Mobile Computing，2010，10(9)：1238-1252.

[15] CAMP T，BOLENG J，DAVIES V. A survey of mobility models for ad hoc network research[J]. Wireless communications and mobile computing，2002，2(5)：483-502.

[16] HUA X，JINJIN Z，LEI B. A new three-dimension spatial location algorithm of wireless sensor network[J]. Int. Journal on Smart Sensing and Intelligent Systems，2016，9(1)：233-255.

第4章 震后应急通信

在第 3 章中我们提出了一种基于受灾程度的救援人员四象限移动模型，救援人员能够通过该移动模型提高救援效率，然而，第 3 章并未考虑救援过程中各个救援节点间的通信问题。在震后应急救援过程中，信息沟通是完成救援任务的关键因素之一。通过信息沟通，我们可以知道哪里灾情比较严重，哪里道路可以通过，哪里需要救援物资等，这一切都需要震后应急通信系统的支持。本章主要对震后应急通信进行阐述。

与人们生活密切相关，且地震破坏会导致城市局部或全部瘫痪、引发次生灾害的工程，我们称之为"生命线工程"。通信系统是生命线工程之一[1]，主要借助电磁波在自由空间的传播或在导引媒体中的传输机理来实现，前者称为无线通信系统，后者称为有线通信系统。通信系统对于人类的生产生活意义重大，一旦遭到地震破坏，不但会直接产生经济损失，也可能会给社会的正常运转带来巨大损害。2008 年 5 月 15 日 13 时 55 分，指挥部拨通了成都到汶川的第一个长途电话[2]，此时距汶川地震发生已经过去了 72 小时，错过了震后的"黄金救援期"。震后应急通信是快速、准确、全面地获取震害信息的关键，后者是制定救灾方案、部署救灾力量的重要依据[3]。本章主要介绍震后应急通信，首先对震后应急通信的特点、需求分析以及震后应急通信关键技术进行了概述，然后详细介绍震后应急通信系统的体系结构、功能以及技术手段，最后对本章进行了小结。

4.1 震后应急通信概述

破坏性地震导致灾区基础通信设施被破坏，灾区与外界通信受阻，因此在一段时间内，指挥中心无法及时获取灾情信息或者只能获取有限的灾情信息，这段时间我们称之为震后的“黑箱期”和“灰箱期”[4]。在上述两个期间内,受灾地区成为信息孤岛,给救灾组织、指挥调度、人员搜救、次生灾害预防等工作造成重大困难。因此,震后应急通信是灾后救援的重要手段之一,它能够迅速搭建起灾区内外沟通的桥梁。与一般应急通信不同,震后应急通信有着自身的特点,不同的业务或用户,对于应急通信有着不同的需求。本节主要从震后应急通信的特点和需求分析方面,对震后应急通信进行详细阐述。

4.1.1 震后应急通信的特点

震后应急通信具有时间的突发性、地点的随机性、任务的紧迫性以及业务的多样性等特点,既要保障地震现场指挥部和后方指挥中心的互联互通,又要提供能够覆盖地震现场各个处置点的应急通信服务,以实施指挥调度命令下达、灾情信息回传、重点区域监控等任务,具体说明如下。

1. 时间的突发性

震后应急通信时间的突发性主要指两个方面。首先,地震事件发生的时间无法事先预计,具有不确定性,从而造成震后应急通信也具有时间不确定性,人们无法预知什么时候需要应急通信。其次,破坏性地震事件发生后,震后应急具有时间上的阶段性,在不同阶段呈现其特殊性,震后应急事件过后,通信基础设施恢复,震后应急通信也完成其使命。

2. 地点的随机性及环境的复杂性

地震发生的地点具有不确定性。根据美国地质勘探局官方网站上的统计数据,全球6.0级以上地震发生的地点具有不确定性,由此产生的直接问题是区域地理特征的明显差别对震后应急通信的影响,如山地、沙漠、海洋、城市、岛屿等。不同地理特征的区域,对震后应急通信的要求也不同。应急通信设备可以通过车辆、人或者牲畜、伞降等方式到达地震灾害现场,因此需要对应急通信设备的体积、重量、结构等有严格的要求;地震可能发生在干燥寒冷的地区,也可能发生在潮湿闷热的地区,因此需要应急通信设备适应不同的气候环境;破坏性地震现场一般难以提供持续电源,大多只能依靠车载供电或者发电机供电等方式为通信设备供电,这些电源的电压稳定性差、供电能力弱,因此要求应急通信设备具有宽的电压适配能力、大容量的电源续航能力以及良好的节电能力。另外,次生灾害也增加了环境的复杂程度,例如由于地震导致的火灾、水灾、滑坡等灾害,使得震后应急通信系统的搭建更加困难,为震后应急通信设备的环境适应性和设备使用人员的现场安全性提出了更高、更特别的要求。

3. 通信基础设施受损程度的不确定性

破坏性地震发生后,通信基础设施遭到破坏可能导致网络瘫痪。地震破坏强度不同,通信基础设施遭受破坏的程度也不相同；通信基础设施抗震能力不同，其遭受的破坏程度也不相同；通信基础设施在震区的分布范围不同，其遭受破坏程度也不相同。因此，震后通信基础设施的受损程度具有不确定性。

4. 业务的紧迫性和多样性

日常的通信包括数据业务、语音业务、图像业务、视频业务、多媒体业务等。破坏性地震发生后，在通信基础设施被损坏的情况下，如何选择业务进行保障，是快速组建震后应急通信系统需要重点考虑的问题之一。震后应急业务越多，震后应急通信设备就越复杂，构建震后应急通信系统的时间就越长，反而影响地震应急救援的效率。在震后应急中，一方面要反应迅速，另一方面又希望掌握的灾情信息全面准确，这就构成一对矛盾，此时，需要进行合理折中和取舍。通常情况下，我们希望利用地震现场一切可以利用的传输网络，首先连通灾区内外基本业务（如语音业务等）通信的链路，之后再考虑增加多种类、多内容的业务通信链路。

5. 通信成本和效益的矛盾性

震后应急通信网络建设投资巨大，在公益性和经济性方面存在不可调和的矛盾，因此建设大规模、全功能的专用震后应急通信系统不太现实。另外，现有的公共基础设施网络在震后为政府和公众提供免费的应急通信服务，这在商业利益和社会责任方面存在矛盾。

6. 通信耗时的随机性

震后应急通信是为应对破坏性地震开展的通信过程，相比于常规通信，震后应急通信的过程往往相对短暂，从数分钟到数十天不等。震后应急通信的持续时间取决于震后应急救援的效率以及震后灾区网络基础设施的恢复程度。

4.1.2 震后应急通信的需求分析

应急通信面对的情况十分复杂，不确定因素很多。震后应急通信是为政府机构、救援人员、灾民提供的特殊通信机制，要求能够在震后网络基础设施被破坏的情况下，为上述机构或人员提供相对可靠、便捷的通信服务，因此必须有相应的部署方法和技术措施来快速建立临时的通信网络。对于震后应急救援的不同阶段，不同用户群体的应急通信需求各不相同，因此在震后应急通信网络的搭建过程中，需要有针对性地利用各种通信手段来保障现场指挥的畅通，如使用卫星、短波、微波等，这就要求整合多种通信手段来保证数据、语音、图像等的传输。

1. 组网需求

相对于一般通信网络，震后应急通信对组网提出了更高的要求：

1）快速部署需求

无论是基于公网的震后应急通信网络，还是专用的震后应急通信网络，都应该具有能够快速部署的特点。“黄金72小时”是地质灾害发生后的黄金救援期，这是救援(学)界的共识。破坏性地震发生后，留给国家和政府的反应时间很短，震后应急通信网络的部署周期显得异常关键。只有短时间内部署好震后应急通信网络，才有机会将现场灾情信息发送给后方指挥中心，以便进行救援队伍和物资的合理调度，最大程度减少人员伤亡。因此，便携式应急通信设备宜选取具备行进间通信能力的无线设备，或是选取在到达作业点后能够快速部署，并在搜救作业完成后能快速收装并继续转移至下一个作业点的设备。

2）便捷性和易用性需求

破坏性地震发生后，救援人员需要尽快到达现场开展救援任务。而震后灾区的道路可能遭到严重损毁，因此救援人员应当尽可能选取体积小、重量轻、数量少的通信设备，以便徒步携带。此外，无线通信设备宜选择全向天线，不需要过多人工调校便可投入使用。

3）兼容性和扩展性需求

破坏性地震造成网络基础设施损坏，骨干网络大概率中断。然而，部分专有网络或局域网络可能仍然正常运行。震后应急通信网络的部署需要充分利用已有的能够运行的网络，尽可能提高网络利用率，节约部署成本。另外，快速部署的震后应急通信网络需要预留友好的网络扩展接口，能够及时、方便地对原有的网络规模进行扩展，以满足不同用户、不同业务的不同需求。

4）低能耗需求

破坏性地震发生后，灾区供电系统可能被破坏，一般难以提供持续电源，大多只能依靠车载供电或者发电机供电等方式为通信设备供电，这些电源的电压稳定性差、供电能力弱，因此要求应急通信设备具有宽的电压适配能力、大容量的电源续航能力以及良好的节电能力。

5）可靠性需求

震后应急通信网络的可靠性是指在给定的时间以及特定的环境内，保证所有通信业务可靠完成的性能，其决定因素有给定时间、特定环境以及业务完成能力。其中，给定时间即救援人员完成救援任务所需的时间，该时间越短，说明救援任务完成越快；特定环境即震后的灾区，存在临供电中断、网络基础设施被破坏的情况；业务完成能力即音视频等业务数据传输的完成能力。震后灾民、救援人员、后方指挥人员对于应急通信网络依赖的程度进一步提高，震后应急通信网络的可靠性尤为重要。一般而言，影响震后应急通信网络可靠性的因素有3类：

(1) 通信设备因素。通信设备是直接面向用户的设备，是影响震后应急通信网络可靠性的最主要因素。通信设备的交互连接能力越好、运行越稳定、兼容性越好，那么震后应急通信网络的可靠性就越高。与传统通信设备不同，震后应急通信网络中的通信设备还应具有携带方便、续航能力强、适应复杂气候条件等特点，满足震后灾区现场复杂的客观环境。

（2）网络管理因素。由于应用场景的特殊性，震后应急通信网络需要进行动态管理。震后应急救援人员的位置不是固定的，救援人员时刻在移动，因此采用一般的网络管理方式对震后应急通信网络进行管理是不可行的。科学有效的网络管理手段能够对震后应急通信网络的可靠性进行及时分析和评估，使其动态适应不断移动的救援人员，提高数据传输效率。

（3）网络结构因素。通信网络的结构即通信网络中网络节点和传输链路的几何排列形状，反映了通信设备物理上的连接性，也称为通信网络的拓扑结构。网络节点有两类，一类是转换和交换信息的转接节点，包括节点交换机、集线器和终端控制器等；另一类是访问节点，包括通信主机和终端等。传输链路则代表各种传输媒介，包括有形的（如有线链路）和无形的（如无线链路）。有线通信网络的拓扑结构主要有总线型拓扑、星型拓扑、环型拓扑、树型拓扑、网型拓扑和混合型拓扑，各类拓扑结构如图 4-1 所示。

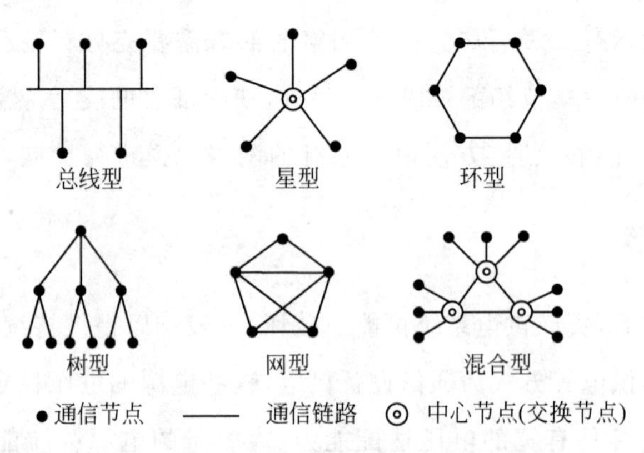

图 4-1 通信网络各类拓扑结构示意图

总线型拓扑结构将网络中的所有节点通过相应的接口直接连接到公共总线上，节点之间按广播方式通信，一个节点发出的信息，总线上的其他节点均可“收听”到。其优点是结构简单、布线容易、可靠性较高，易于扩充；缺点是所有的数据都需经过总线传送，总线成为整个网络的瓶颈，并且出现故障诊断较为困难。

星型拓扑结构中每个节点都由一条单独的通信线路与中心节点连接。其优点在于结构简单、容易实现、便于管理，连接点的故障容易监测和排除；缺点是一旦中心节点出现故障，将会导致网络的瘫痪。

环型拓扑结构中各节点通过通信链路组成闭合回路，环中数据只能单向传输。其优点在于结构简单，适合使用光纤，传输距离远，传输延迟确定；缺点是环网中的每个节点均成为网络可靠性的瓶颈,任意节点出现故障都会造成网络瘫痪,另外故障诊断也较困难。

树型拓扑结构是一种层次结构,节点按层次连接,信息交换主要在上下节点之间进行,相邻节点或同层节点之间一般不进行数据交换。其优点在于连接简单,维护方便,适用于汇集信息的应用要求;缺点是资源共享能力较低,可靠性不高,任何一个节点或一条链路的故障都会影响整个网络的运行。

网型拓扑结构又称作无规则结构,节点之间的连接是任意的,没有规律。其优点在于系统可靠性高,比较容易扩展;但是结构复杂,每一结点都与多点进行连接,因此必须采用路由算法和流量控制方法。

混合型拓扑结构是将两种或两种以上的拓扑结构同时使用。混合型拓扑结构可以对网络的基本拓扑取长补短,安装方便,易于扩展,且故障诊断和隔离较为方便;缺点在于部署成本较高,并且需要采用一定的路由算法和流量控制方法。

无线通信网络的拓扑结构主要包括无中心拓扑结构、中心拓扑结构和混合拓扑结构三类。无中心拓扑结构的无线通信网络又称为对等网络,其任意两个无线通信节点之间均可直接进行通信。无中心拓扑结构的优点是建网容易,稳定性好,但容量有限,只适用于个人用户站之间互联通信,不能用来开展公众无线接入业务。中心拓扑结构的无线通信网络又称为基础架构网络,要求一个无线接入点充当中心节点,用于在无线工作站和骨干网络之间接收、缓存和转发数据,其他节点对网络的访问由中心节点来控制。各个节点只需要在中心节点覆盖范围内就可相互通信,这种结构的缺点是网络的整体性能依赖于中心节点。混合拓扑结构的无线通信网络结合了上述两类拓扑结构的优点,网络内各个节点间能够相互通信,同时,每个节点又能够实现中心节点的接收、缓存、转发数据等功能,但由此产生的路由算法和流量控制开销也相对增多。

由于客观环境的影响,震后应急通信网络一般采用无线传输方式,网络的拓扑结构决定了网络的可靠性。一般而言,节点密度越大、节点覆盖范围越广,网络的数据传输效率越高,从这方面来讲,震后应急通信网络的可靠性就越高;然而网络整体控制开销和能耗越大,在总能耗有限的情况下,网络寿命就越短,从这方面来讲,震后应急通信网络的可靠性降低。

6）安全性需求

破坏性地震发生后,震后应急通信网络成为灾区内外沟通的唯一渠道,其网络性能将对灾区的人员疏散、应急救援起到关键作用。灾后第一时间,由于灾区内外大量的通信需求,势必导致震后应急通信网络的拥塞。在这种情况下,如果有通信节点无意或恶意占用震后应急通信网络带宽资源,将会导致网络拥塞的加剧甚至瘫痪,从而影响灾区群众的生命安全。另外,由于救援人员的移动作业,需携带移动通信设备,我们称之为震后应急通信网络中的移动通信节点。震后应急通信网络中的移动通信节点机动性较强,易受到其他非法通信的干扰。因此,在部署震后应急通信网络时,网络的安全性也是需要重视的需求之一。

2. 不同业务的通信需求

典型的震后应急通信业务包括:

1) 视频传输

震后现场灾情复杂,后方指挥人员急需根据现场灾情进行救援队伍、物资等的分配,而现场视频是反映现场灾情的最直接信息,因此视频传输是震后应急通信业务之一。视频传输对震后应急通信网络的吞吐量有一定的要求,文献[5]在战略层面对应急响应人员获取的视频信号质量进行了测试,测试结果指出:

(1) 对于原始输入格式(source input format,SIF)像素大小为 360×240 或标清(standard definition,SD)格式像素大小为 720×486 的视频,每秒最少应为 10 帧。

(2) 端到端传输需要最少 1 秒视频延迟。

(3) 对于 MPEG-2 编码格式的视频,最小编码比特率为 1.5Mb/s;对于 MPEG-4 编码格式的视频,最小编码比特率为 768kb/s。

2) 音频传输

用户间的语音服务应用已经非常稳固,语音沟通已经成为大多数的习惯。震后语音传输是最便捷的与灾区沟通的方式,一般语音传输采用全双工模式,影响语音质量的因素包括[6]:

(1) 相关数据包的丢失(当为零时,包的丢失是随机的)。

(2) 数据包丢失率。

(3) 压缩算法。

文献[6]针对语音质量进行了多项实验,结果表明如果数据包丢失率小于 5%,70%参与公共安全的应急响应人员认为语音质量可以接受。

文献[7]指出,在远程会议语音传输服务中,对于电话语音,数据率为 65kb/s,此时对数据传输延迟容忍度非常低。

3) 按键通话

按键通话(push to talk,PTT)就是按讲,指在网络覆盖范围内,用户一按发射键就可以讲话。它没有系统控制处理中心,通常只有转发台或基地台,因此不论网内用户组呼、群呼和单呼,主叫用户一按发射键,被叫用户不论多少,只要处于同一信道,在无线电信号覆盖范围内都可以收到。其呼叫建立时间是极短的,理论上讲该时间是无线电波传播时间(100km 只需 0.3ms),而实际它是发射机启动时间,一般小于 100ms,这对通话而言是微不足道的。PTT 是震后应急通信业务之一，能够快速建立通话链路，极短时间内进行语音沟通，满足应急救援的需求。

4）实时文本信息传输

震后应急救援过程中，政府对于警示信息的分发，一般采用文本信息的解决方案，因为它是一种有效、快捷的方式。震后文本信息应用场景包括：

（1）受灾人员与外界的沟通。

（2）政府部门向公众发布灾害信息以及防灾事项。

（3）灾害现场人员向后方回传相关预定义文本信息用于快速描述灾情。

震后应急通信中典型的文本信息可能是短信、邮件或瞬时信息等[8]。实时文本信息的发布，对数据率的需要不高，28kbps 的速率能够满足这种应用类型[9]。

5）定位信息

震后如果能够快速定位被压埋人员的位置，引导救援人员提供及时的救助，对于减少人员伤亡是至关重要的；救援队伍中，各个队员的位置，对于指挥人员也是至关重要的。震后相关人员的定位和状态信息可以通过多种渠道获得，例如基于卫星、基站等设备的位置判断。

6）广播

广播能够将信息传输到网内所有用户，满足震后政府部门向公众的告警、组织疏散、安抚等需求。我国启动的“国家地震烈度速报与预警工程”项目中，就采用了广播的方式对地震进行预警。

7）临时接入

在震后应急救援过程中，受灾人员需要临时接入震后应急通信网络，与亲戚、朋友沟通联系；后续不断增派的救援人员需要临时接入震后应急通信网络，以完成救援任务。震后应急通信网络应当预留兼容性较强的网络接口，满足各类用户的临时接入需求。

3. 不同时间段的通信需求

经验表明，地震事件发生的不同阶段，其通信需求也大不相同，主要体现在通信业务量的大小方面。灾难救援机构普遍认为，震后存在一个“救援黄金 72 小时”，在此时间段内，灾民的存活率极高。研究资料[9]显示，在震后第 1 天被救出来的人的存活率高达 90%，第 2 天和第 3 天的存活率为 70%左右，但在第 3 天以后，存活率骤减。近年来，多次震后应急救援的实例都证明了黄金 72 小时的重要性。然而，在震后的不同时间段中，应急通信的需求也不相同。

1）震后 0～24 小时

破坏性地震发生后，震区通信基础设施被部分或全部破坏，通往灾区的交通受损，电力供应无法保障。此时救援先遣队伍需要在第一时间携带救援物资及通信设备，通过步行或空降等方式进入灾区，为灾区搭建起内外沟通的桥梁。在震后24小时内，对应急通信的主要需求是提供便于携带、易于安装部署和调试的应急通信设备，以便迅速建立灾区与后方的通信链路。该阶段应急通信网络一般要求在12小时内完成部署，寿命至少维持24小时以上，并且不依赖于震区的可用资源。

2）震后24～48小时

一般震后24～48小时，尽管灾区交通、电力等未完全恢复，但已有救援人员陆续进入灾区，救援工作逐步展开，灾区建立了现场指挥部。该阶段应急通信需求是确保灾区与后方的通信指挥调度顺畅，不断扩大应急通信范围，恢复原有设施的通信功能，不断将现场灾情发送给后方。该阶段应急通信网络一般要求24小时内完成部署，寿命至少维持48小时以上，并且可以适当利用灾区资源。

3）震后48～72小时

一般震后48～72小时，大规模的应急救援工作已经全面展开。灾区部分交通、电力等恢复正常，现场指挥部全面指导救援工作。此阶段是"救援黄金72小时"的冲刺阶段，应急通信要求提供相对稳定、高效的通信链路，保证各类救援机构的应急联和协调行动；通信范围应尽量覆盖整个灾区，并且满足不断增加的灾区用户、救援人员的通信需求；应急通信网络应该开放免费、兼容性较强的接口，供灾区用户使用。该阶段应急通信网络一般要求在48小时内完成部署，寿命至少维持一周以上，并能够充分利用灾区已经恢复正常的资源。由于本阶段是黄金救援时间的最后阶段，震后应急通信网络应该能够保证灾区现场多种类、多维度的音视频信息传输。本阶段的震后应急通信网络，除了为灾区现场应急救援提供可靠的通信保障服务外，还可能用于灾害损失评估、灾后恢复重建等业务。

4）震后72小时以后

破坏性地震发生72小时以后，在不考虑余震、泥石流等次生灾害的情况下，灾区交通、电力大部分可能已经恢复正常。随着救援工作的深入，灾区受灾人口等情况陆续明朗，灾后恢复重建工作提上日程。此时震后应急通信网络应充分依托灾区已经恢复的骨干通信网络，为应急救援、灾后重建提供必要的通信支持。随着灾区通信网络的恢复，震后应急通信网络的需求大大降低，本阶段应急通信网络主要作为辅助手段为少数无法接入骨干网的区域提供通信服务，并且能够视灾区通信网络恢复情况随时部署或撤销。

4. 不同用户的通信需求

在通信基础设施被破坏的情况下，震后灾区的通信主要依赖快速部署的震后应急通信网络。震后应急通信场合的通信需求和模式与传统通信场合有很大不同：一方面，震后灾区应急通信应该尽量准确地定位待救援/受灾用户，并将灾情信息及时有效地分发给救援人员，同时待救援/受灾用户希望与救援人员或亲戚朋友取得联系；另一方面，救援人员需要与后方指挥中心保持联系，汇报救援进度，执行救援指令；后方指挥中心需要根据救援进度及现场灾情，协调救援人员与救援物资。

4.1.3　震后应急通信关键技术

传统的有线通信方式在震后应急通信中已不再适用，目前震后应急通信主要采用无线通信的手段。无线通信是利用电磁波信号可在自由空间中传播的特性进行信息交换的一种通信方式，不需要专门布线，不受“线”的制约，在其信号所覆盖的范围内可方便接入，并可以实现在移动中的通信。因此，相较于有线通信，无线通信具有抗毁能力强、组网简单、灵活快速等特点，是处置各种紧急突发事件时最常用的通信方式。震后应急无线通信中，主要采用无线自组织网络、卫星移动通信、短/微波通信等技术。

1. 无线自组织网络

无线自组织网络(wireless ad-hoc network)网络的起源可以追溯到 1968 年的 aloha 网络[10]和 1973 年美国国防部先进研究计划机构(Defense Advanced Research Project Agency,DARPA)开始研究的分组无线电网络[11]。电气和电子工程师协会(Institute of Electrical and Electronics Engineers,IEEE)在开发 IEEE 802.11 标准时，将分组无线电网络改称为 Ad-Hoc 网络。Ad-Hoc 来源于拉丁语，字面上的意思是“为特定目的或场合的”或“仅为这种情况的”。IEEE 采用“Ad-Hoc 网络”一词来描述这种特殊的自组织对等式多跳移动通信网络，希望该网络成为为特定目的而临时组建并短期存在的网络。

无线自组织网络的拓扑结构可分为两种：平面结构和分级结构。

在平面结构的无线自组织网络中，所有网络节点地位平等，所以又称为对等式网络，如图 4-2 所示。

该网络中两个节点能够通信的充要条件是这两个节点间至少存在一条单跳或多跳的通信链路。在图 4-2 中，假设节点 A 需要与节点 B 进行通信。由于两个节点不在相互的通信覆盖范围内，因此只能通过多跳的方式来寻找通信链路，如链路 $A—C—D—E—F—G—H—I—B$。

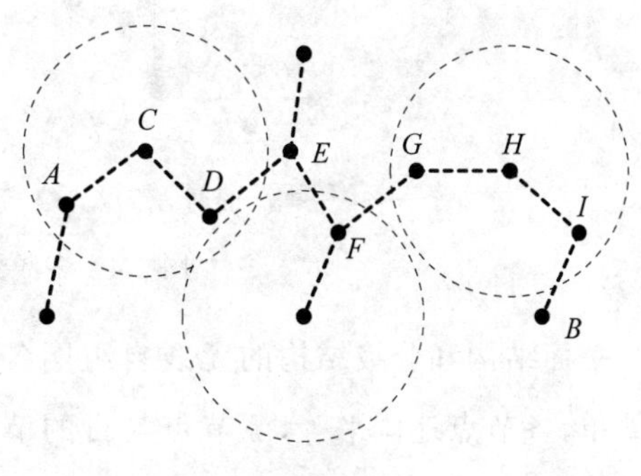

图 4-2　平面结构无线自组网

在分级结构的无线自组织网络中，整个网络是以簇(cluster)为子网组成，每个簇由一个簇头(cluster head)和多个簇成员(cluster member)组成,簇头形成高一级网络,高一级网络又可分簇形成更高一级网络。当网络中的每个通信节点都是静止状态时,簇头和簇成员身份不变,然而这在震后应急救援中很难实现,因为救援人员的位置可能随时改变。在这种情况下,每一个簇中的簇头和簇成员动态变化,没有永远的簇头,也没有永远的簇成员。因此在分级式结构的震后应急通信网络中,每个通信节点都可以成为簇头,所以需要适当的簇头选举算法,算法要能根据网络拓扑的变化重新分簇。根据设备通信频率的不同,分级结构的无线自组织网络又分为单频分级结构和多频分级结构,分别如图 4-3 和图 4-4 所示。单频分级结构(图 4-3)使用单一频率通信,所有节点使用同一频率,为了实现两个簇头之间的通信,需要有同时属于两个簇的网关节点的支持;而在多频分级结构中,不同级别采用不同的通信频率,低级网络通信范围小,高级网络通信范围大。例如在图 4-4 所示的多频二级结构的无线自组织网络中,簇成员用一个频率(假设为 F_1)通信,簇头节点用频率 F_1 与簇成员通信,用另一个频率(假设为 F_2)来维持与簇头之间的通信。

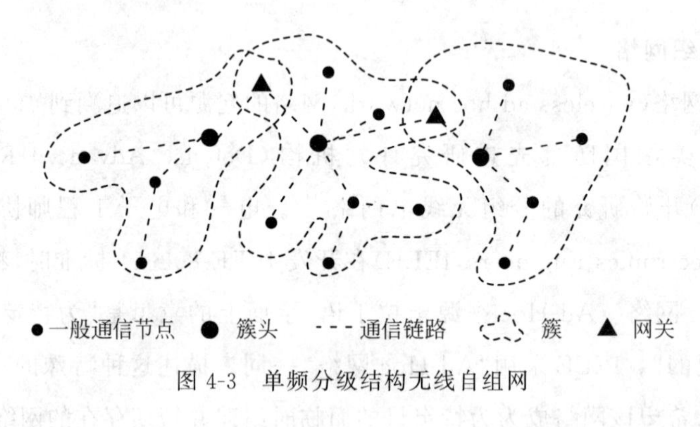

图 4-3 单频分级结构无线自组网

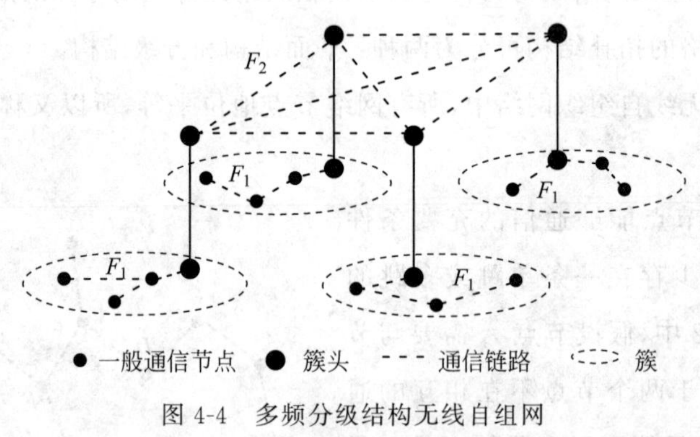

图 4-4 多频分级结构无线自组网

平面结构和分级结构的无线自组网各自存在优缺点。平面结构的无线自组织网络结构简单,各节点地位平等,源节点与目的节点通信时存在多条路径,不存在网络瓶颈,而且网络相对比较安全,但最大的缺点是网络规模受到限制,可扩充性差。平面结构中,每一个通信节点都需要知道到达其他所有节点的路由,维护这些动态变化的路由信息需要大量的控制消息，因此当网络规模扩大时，路由维护的开销指数增长，从而消耗掉有限的带宽。在分级结构的无线自组织网络中，簇成员功能比较简单，不需要维护复杂的路由信息，这就大大减少了网络中控制消息的数量，因此分级结构的无线自组织网络规模不受限制，可扩充性好。分级结构的簇头节点可以随时选举产生，因此具有很强的抗毁性。然而，维护分级结构需要节点执行簇头选举算法，簇头结点可能会成为网络的瓶颈。

无线自组织网络具有以下特点：

(1) 动态变化的网络拓扑结构。在无线自组网中，通信节点可以在网中随意移动。节点的移动会导致节点之间的链路增加或消失，节点之间的关系不断发生变化。在分级结构的无线自组网中，簇成员可能会通过移动变为簇头节点，因此，移动会使网络拓扑结构不断发生变化，而且变化的方式和速度都是不可预测的。在无线自组网中没有中心控制节点，每个节点通过分布式协议互联。一旦网络的某个或某些节点发生故障，其余的节点仍然能够正常工作。

(2) 网络的独立性。相对常规通信网络而言，无线自组网最大的区别就是可以在任何时刻、任何地点不需要硬件基础网络设施的支持，快速构建起一个移动通信网络。它的建立不依赖于现有的网络通信设施，具有一定的独立性。因此无线自组织网络很适合在通信基础设施被严重损坏的情况下部署。

(3) 有限的通信带宽。在无线自组网中，节点之间的通信均通过无线传输来完成。由于无线信道本身的物理特性，它提供的网络带宽相对有线信道要低得多。除此以外，考虑到竞争共享无线信道产生的碰撞、信号衰减、噪声干扰等多种因素，通信节点可得到的实际带宽远远小于理论中的最大带宽值。

(4) 网络寿命短。在无线自组网中，通信节点一般都是一些移动设备，主要由电池供电，因此通信节点的供电受到一定限制，从而制约了无线自组网的寿命。

(5) 安全性较低。尽管无线自组网的分布式特性相对于集中式的网络具有一定的抗毁性，但移动通信节点易于遭受窃听、欺骗和拒绝服务等攻击，因此无线自组网的安全性较低，在组网过程中需要采用合适的链路安全技术来减小安全攻击带来的威胁。

2. 卫星通信

不同于其他通信方式，卫星通信拥有全球覆盖和网络安全的优势，能为终端用户直接提供国际漫游通信。国际电信联盟(International Telecommunication Union，ITU)将卫星通信业务分为两类，一类是卫星固定业务(fixed satellite service，FSS)；另一类是卫星移动业务(mobile satellite service，MSS)，并且划分了各自通信使用的卫星频段(FSS 使用 C、Ku、Ka 等频段，MSS 使用 L、S 频段)。卫星固定业务是利用一个或多个卫星，在位于各特定的固定点上的地球站之间的无线电通信业务。这种业务可包括其他空间无线电通信业务的馈线链路,也可包括卫星间业务中出现的卫星至卫星链路。固定卫星通信依托固定的地面基站,在固定地点通过通信卫星接入主网络,建立与卫星站点之间的通信连接。卫星移动业务是指利用中继卫星实现移动终端之间通信的无线通信业务,由于使用L、S频段,其带宽小、传输速率低,因此主要进行音频信号的传输。

根据使用过程中卫星天线角度状态变化,卫星通信系统又分为"静中通"和"动中通"。静中通即我们常说的"卫星地面站通信系统",卫星地面站位置固定,其天线能够自动寻星,寻星完毕后天线角度一般不再发生变化,在固定地点通过通信卫星接入主网络,建立与卫星站点之间的通信连接,这种天线只能在静止状态下与卫星进行实时通信。动中通是"移动中的卫星地面站通信系统"的简称。通过动中通系统,车辆、轮船、飞机等移动的载体在运动过程中可实时跟踪卫星等平台,不间断地传递语音、数据、图像等多媒体信息,可满足各种军民用应急通信和移动条件下的多媒体通信的需要。动中通天线工作原理主要是通卫星通信天线系统跟踪卫星,利用卫星通信的无缝覆盖,加上所具备的机动灵活和行进间通信的特点,可以使动中通卫星通信车在任何时间、任何地点开通并投入使用,满足处理紧急突发事件的需求。

卫星通信还有其他多种分类方式,例如按照应用环境可分为海上、空中和地面,因此有:海事卫星移动通信系统、航空卫星移动通信系统和陆地卫星移动通信系统;按卫星轨道位置分有地球同步卫星(静止卫星)移动通信、地球低轨道卫星移动通信、地球中轨道卫星移动通信以及地球高轨道卫星移动通信;按移动用户的位置分有卫星陆地移动通信、卫星海上移动通信和卫星航空移动通信等。

3. 短/微波通信

短波通信是波长在10～100m,频率范围为3～30MHz的一种无线电通信技术。短波通信发射电波要经电离层的反射才能到达接收设备,通信距离较远,是远程通信的主要手段。由于电离层的高度和密度容易受昼夜、季节、气候等因素的影响,所以短波通信的稳定性较差,噪声较大。但是,随着技术进步,特别是频率自适应技术[12]、跳频抗干扰技术[13]、正交频分复用调制技术[14]的出现和应用,短波通信进入了一个崭新的发展阶段。同时短波通信具有设备使用方便、组网灵活、价格低廉、抗毁性强等特点,因此仍在应急通信中有一席之地。

微波通信(microwave communication),是使用波长在0.1mm～1m之间的电磁波进行的通信。该波长段电磁波所对应的频率范围是300MHz～3000GHz。在现代通信技术中,微波通信占有非常重要的作用。近年来,微波通信在许多领域都得到了广泛的应用,如移动通信、卫星通信等。由于微波的频率极高,波长又很短,其在空中的传播特性与光波相近,也就是直线前进,遇到阻挡就被反射或被阻断,因此微波通信的主要方式是视距通信,超过视距以后需要中继转发。一般说来，由于地球曲面的影响以及空间传输的损耗，每隔50km左右就需要设置中继站，将电波放大转发而延伸。这种通信方式，也称为微波中继通信或称微波接力通信。长距离微波通信干线可以经过几十次中继而传至数千千米仍可保持很高的通信质量。

4.2　震后应急通信系统

震后应急通信是破坏性地震发生时通信需求的基础保障，建立并完善先进的震后应急通信系统是面对破坏性地震这种突发性紧急事件时抢险救灾的重要工作内容，因此，对震后应急通信的研究具有极其重要的意义。

4.2.1　震后应急通信系统的体系结构

震后应急通信网络、地震应急机构的组织结构和地震应急响应操作的特点，共同决定了震后应急通信系统是一个多层分布式信息结构，包括4个层次[15]：网络设施层、基本服务层、功能模块层和应用系统层，如图4-5所示。

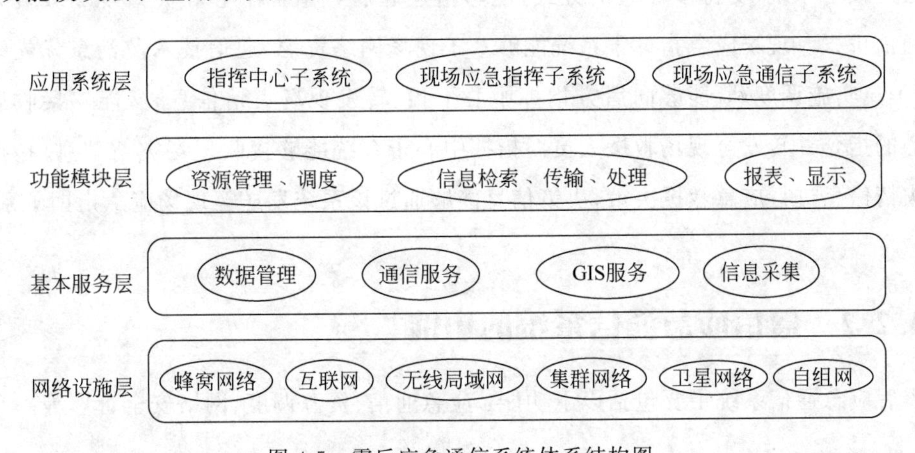

图4-5　震后应急通信系统体系结构图

最底层是通信网络设施层，包括震后应急现场部署的各类异构通信网络，如无线局域网、集群网络、卫星网络、无线自组网等，还包括未被严重损坏、能够依赖的蜂窝网络、互联网等原有的基础设施网络。网络设施层以无线通信节点为主，各节点通信、数据处理能力不同，以自组网为例，一般按照一定的规则，将所有通信节点划分到不同簇中，通过一定的簇首选择算法为每个簇选择簇首节点。每个簇内，簇首节点负责管理、协调普通节点，并可以与其他簇的簇首节点进行通信。簇内节点如果不在簇首节点的通信范围内，可以通过其他簇成员，以多跳的方式与簇首节点通信。

基本服务层为功能模块层提供公共服务，包括数据管理、通信服务、GIS服务、信息采集服务等。其中通信服务是核心服务，基于底层的各种网络技术向上层提供通信服务，并且屏蔽底层复杂的异构网络组网细节。

功能模块层主要包括资源管理和调度、信息检索/传输/处理以及报表、显示功能。在震后应急通信网络中，资源管理和调度的对象主要是现场灾情信息、应急指挥指令信息、应急救援反馈信息等。通过对上述资源的合理管理及调度，能够提高应急救援效率，降低应急救援成本。

最顶层是应用系统层，包括三大应用子系统：指挥中心子系统、现场应急指挥子系统、现场应急通信子系统。三大应用子系统分别运行在不同的硬件平台上，典型的硬件平台包括后方指挥部的服务器(工作站)、现场应急通信车的笔记本电脑或计算机、救援人员的手持设备(PDA、手机)等。三大应用子系统具有不同的软件界面和定制功能，分别面向后方指挥部、现场指挥部、现场救援人员、灾民提供服务。其中，现场应急通信子系统为救援人员提供灾情信息采集、灾情信息上报、指令接收和反馈等功能，救援人员能够上传采集到的灾情信息，接收应急指挥中心的指令，并进行反馈；另外，现场应急通信子系统还能够提供网络快速接入服务，方便灾民和外界进行沟通联系。现场应急指挥子系统作为现场应急指挥中心的核心系统，支持多种通信方式，能够搭建起后方指挥中心和灾情现场救援人员之间的通信桥梁。现场应急指挥子系统能够基于现场网络资源、通信技术及消息优先级等因素，对消息实施调度，既能够向后方指挥中心上报、转发现场灾情信息，又能够接收后方指挥中心的指令并转发至现场救援人员。指挥中心子系统能够接收现场灾情信息，指挥人员根据灾情信息进行应急救援决策，决策信息能够通过该系统发送至现场应急指挥子系统。

4.2.2 震后应急通信系统的功能

震后应急通信系统主要包括以下功能：应急通信、资源调度、网络安全管理等。

1. 应急通信

破坏性地震发生后，恢复灾区内外的通信成为应急救援的重要任务之一。各种形式的应急通信应该满足不同用户的需求。对于应急指挥机构(一般为政府决策机关和职能部门)和应急救援人员，能够满足信息传送及时快速、通信范围广、一对多/多对多的通信方式。对于受灾群众，能够满足其基本的通信需求，尤其是语音通话、定位等。

应急通信的数据形式包括文本、图片、音频、视频等，其中文本、音频数据传输能够满足基本的应急通信需求，这对于震后快速了解灾区灾情有重要意义，是震后应急通信系统需要首先保障的内容。在此基础上,图片、视频等数据为后方指挥中心提供了可视化的灾情信息,有助于决策者做出科学、准确的应急救援决策。

地震发生,地震行业部门可能在震中附近搭建流动观测台站,用于加密地震观测节点,提高地震监测结果的精确程度。震后应急通信系统能够将流动观测台采集到的实时数据传送至后方数据中心,满足专业数据的实时、不间断传输需求。

2. 资源调度

为保障震后应急救援行动顺利开展,震后应急通信系统对系统内各类资源进行调度,如通信优先级设置,下一跳通信节点选择,路由策略选择,信息采集和分发,移动节点部署,能耗管理等。

根据受灾程度,灾区应急通信需求的紧迫性不同。重灾区通信基础设施完全损毁,受影响人口数量最多,最需要第一时间进行救援,因此应急通信优先等级应设置为最高。受灾程度较轻的区域,通信基础设施能够发挥部分通信作用,在应急通信资源紧张的情况下,该区域的应急通信优先等级应低于重灾区。震后应急通信系统能够进行应急通信优先等级设置,在应急通信资源有限的情况下,最大程度适应灾区应急通信需求,从而提高灾区应急救援效率。

地震发生后,流动测震台、应急通信车、单兵设备、无人机等机动性较强的通信设备加入地震设备集群后,将会导致应急通信网络拓扑结构不断发生变化。由于地震现场通信基础设施及电力设备可能遭到破坏,在灾害场景下,移动节点能耗大大受限,下一跳路由节点的选择也因此与一般情况下的路由选择不同。由于缺少中央路由,灾害现场应急通信网络中的下一跳节点选择策略将影响整个应急通信网络的性能。震后应急通信系统能够选择适当的策略,在动态应急通信网络中寻找下一跳节点,使得各节点能耗最低,通信效率最高。

破坏性地震发生后,灾区通信基础设施和电力系统都将遭受不同程度的破坏,导致通信系统瘫痪。救援人员需要在灾区迅速建立现场无线自组织网络,满足灾区内外的通信需求。与一般的自组织网络不同,震后应急通信网络中的节点具有能量受限、通信高能耗而数据计算低能耗等特点,因此,震后应急通信系统需要选择合适的路由协议,既考虑应急救援的紧迫程度,又兼顾救援效率。

在地震应急救援场景中,应急通信网络要求及时的信息共享。应急通信数据多种多样,各类数据需求的紧迫性、对象、通信带宽也不尽相同,震后应急通信系统负责对文本、图片、音频、视频等各类数据进行采集和分发。例如,将救援人员采集的现场灾情数据进行汇聚,并转发至后方指挥部;指挥人员根据现场灾情进行科学救援决策,决策产生的指令通过震后应急通信系统分发至救援人员,救援人员根据指令进行下一步救援工作的部署。

震后应急通信网络中，移动节点位置会发生变化，势必产生相对离散、不均匀分布的目标通信节点。震后应急通信系统能够选择合适的移动通信节点部署算法，解决移动通信节点覆盖不均匀分布的问题，以最小能量消耗、最大限度地建立与目标连接节点之间的链路，使得部署的移动通信节点能够形成连通的网络。

震后应急通信系统中，救援人员大多采用体积小、易携带的移动终端进行应急通信，其供电能力有限。网络中部分节点能量耗尽，不仅致使这些节点本身不能正常工作，而且有可能影响网络的整体性能。随着移动终端设备性能提升和功能加强，对电能的需求越来越高，为了节约能耗，硬件一般都采取了低功耗设计。而在路由算法方面，可以通过多种方式（节点当前的剩余电量、目的节点与本节点之间的距离等）来确定某路由的耗费，并根据耗费最小的原则来选择路由。

3. 网络安全管理

传统通信网络一般采用层次化结构，各通信节点之间的连接都是静态的，具有较为稳定的拓扑结构。针对传统通信网络，一般采用加密、认证、访问控制、权限管理、防火墙等策略对网络进行安全管理；震后应急通信网络不依赖固定基础设施，没有固定的中心节点，具有灵活的自组织性，各移动救援通信节点可以移动，节点间通过无线信道建立临时松散耦合结构的网络连接，因此网络拓扑结构也在不断变化。震后应急通信网络在体系结构、设计目标、采用的协议和网络规模上，都与传统通信网络有很大区别，因此，尽管基本的安全要求，如机密性和真实性，在震后应急通信网络中仍然适用，但考虑到地震灾害现场环境、无线传输功耗、稀缺的无线频谱资源以及通信节点本身性能，震后应急通信网络不能牺牲大量功率用于复杂的网络安全管理，主要表现在以下几个方面：

(1) 认证方式。传统网络中的认证方式主要为密钥认证（key authentication，KA），即信息的发送方和接收方，用一个密钥去加密和解密数据。密钥分为两种：对称密钥与非对称密钥。对称密钥加密又称公钥加密，即信息的发送方和接收方用一个密钥去加密和解密数据。它的最大优势是加密和解密速度快，适合于对大数据量进行加密，但密钥管理困难。非对称密钥加密又称私钥加密，它需要使用一对密钥来分别完成加密和解密操作，一个公开发布，即公开密钥，另一个由用户自己秘密保存，即私用密钥。信息发送者用公开密钥去加密，而信息接收者则用私用密钥去解密。私钥机制灵活，但加密和解密速度却比对称密钥加密慢得多。一般来说，每一个认证中心都需要有一个密钥管理中心（key management center，KMC）承担该认证区域内的密钥管理任务，负责为认证中心提供密钥的生成、保存、备份、更新、恢复、查询等密钥服务。例如蜂窝移动网络中，基站可以为移动通信节点分配密钥，由基站充当其管理范围内移动通信节点的证书授权机构。而在震后应急通信网络中，每个移动救援通信节点的地位相同，计算能力较低，并且有随时加入的新通信节点，彼此间的信任程度无法保证,因此无法充当认证中心的角色。震后应急通信网络需要根据部署的具体情况来选择合适的通信节点作为认证中心,例如应急通信车、卫星固定站等。

(2) 防火墙。传统网络中,防火墙用于保护网络内外的通信安全。所有进出该网络的数据都经过某个中心点,在该点应用防火墙技术,可以控制非授权人员对内部网络的访问、隐藏网络内部信息、检查出入数据的合法性。然而震后应急通信网络属于去中心结构,没有固定的中心点,进出该网络的数据可以由端用户无法控制的任意中间节点转发,网络内的节点缺乏足够保护,很可能被恶意用户利用而导致来自网络内部的攻击,网络内外的界限不再明晰,因此防火墙技术不再适用于震后应急通信网络,因为它难以实现端到端的安全机制。

(3) 数据服务。传统网络一般采用层次化结构,各通信节点之间的连接都是静态的,具有较为稳定的拓扑结构,可以利用网络现有资源提供多种服务,例如路由器服务、命名服务、目录服务等。震后应急通信网络中,由于通信节点的移动性和无线信道的时变特性,使得网络拓扑结构、网络成员、成员之间的信任关系处于动态变化之中。此外,网络中产生和传输的数据也具有很大的不确定性,例如节点的环境信息、网络变化信息、各类控制消息等,它们都具有较高的实时性要求,使得网络中传统的服务如数据库、文件系统和文档服务器不再适用,因此基于静态配置的传统网络的安全方案不能适用于震后应急通信网络。

4.2.3 震后应急通信系统中的技术手段

信息时代,通信已经成为人们工作、生活中不可或缺的重要组成部分。尤其在重大自然灾害发生时,更加凸显通信的关键作用。作为和水力、电力一样的重要基础设施,通信是报告灾情、组织实施救援必不可少的技术手段。可以说,保障灾难发生后的通信畅通,就是保住了灾区救援、尽量降低灾害损失的生命线。出现突发性紧急情况时,综合利用各种通信资源,保障救援、紧急救助和必要通信所需的通信手段和方法,被人们称作"应急通信"。应急通信并不是一种独立存在的新技术,而是很多技术在应急通信方面的特殊应用。面对地震这类自然灾害,震后应急通信系统采用的应急通信技术手段多种多样。根据通信过程中数据所依托的介质划分,包括蜂窝移动通信、卫星通信、3G/4G/5G通信、短波通信、微波通信等;根据通信采用的组网方式划分,包括点对点通信、集群通信、无线网格网络(mesh)通信、无线传感器网络通信、无线自组网通信等。

尽管震后灾区的网络基础设施可能被损坏,然而与灾区临近的公用通信基础设施仍然能够被利用,成为震后应急通信系统中用于公众或专用通信的骨干网络,承担连接灾区内外通信的骨干通信任务,因此,一个完整的震后应急通信过程通常涉及应急指挥中心、公众通信/专用通信骨干网络、现场应急通信等三个关键环节。应急指挥中心负责对现场灾情信息进行分析研判，制定救援策略，并向现场救援队伍发送救援指令；公众通信/专用通信骨干网络是应急通信的网络支撑，用于现场灾情等信息的传输、应急指挥中心与现场的通信连接等；现场应急通信要通常以无线方式为主，使用集群、卫星、应急通信车等技术手段，快速部署通信网络，提供通信保障。

随着通信技术的不断发展，其在震后应急通信领域的应用也越来越成熟。

1. 第五代(5th-Generation，5G)移动通信技术

5G移动通信技术是最新一代蜂窝移动通信技术，也是继2G(global system for mobile communications，GSM)、3G(universal mobile telecommunications system，UMTS；long term evolution，LTE)和4G(LTE-advanced，LTE-A；world interoperability for microwave access，WiMax)通信技术之后的延伸。随着移动互联网的发展，越来越多的设备接入到移动网络中，新的服务和应用层出不穷，导致移动数据流量暴涨，这给4G之前的蜂窝移动网络带来严峻的挑战。首先，4G网络容量难以支持移动流量指数级的增长，网络能耗和成本难以承受；其次，网络流量增长必然带来对频谱的进一步需求，而移动通信频谱稀缺，可用频谱呈大跨度、碎片化分布，难以实现频谱的高效使用[16]；此外，要提升网络容量，必须智能高效利用网络资源，例如针对业务和用户的个性进行智能优化，但4G网络在这方面的能力不足；最后，未来网络必然是一个多网并存的异构移动网络，要提升网络容量，必须解决高效管理各个网络，简化互操作，增强用户体验的问题。为了解决上述挑战，满足日益增长的移动流量需求，5G网络应运而生。5G的性能目标是高数据速率、减少延迟、节省能源、降低成本、提高系统容量和大规模设备连接。

2019年6月17日四川宜宾市长宁县发生6.0级地震，5G技术在地震应急救援中得到应用。四川省人民医院医生专家通过5G医疗救护车，为长宁地震两名伤员进行远程会诊。另外，无人机通过5G通信技术对长宁县灾区进行了震后的测绘。

2. 地面微波中继通信技术

地面微波中继通信具有通信容量大、传输质量高等优点，但随着光纤通信的出现，微波通信在通信容量、质量方面的优势不复存在。然而，在地震灾害发生时，常常伴随着通信光缆的断裂；这时候，微波通信就能够大显身手，通过微波线路跨越高山、水域，迅速组建电路，替代被毁的光缆、电缆传输电路，在架设线路困难的地区传输通信信号。微波接力传输系统的中继方式有两类。第一类，是将中继站收到的前一站信号，经解调后再进行调制，然后放大，转发至下一站。第二类是将中继站收到的前一站信号，不经解调、调制，直接进行变频，变换为另一微波频段，再经放大发射至下一站。

地面微波中继通信技术能够应用在震后应急通信系统中，以上海市地震局应急通信车为例，车上安装了车载基站（图 4-6），现场应急救援人员配备了单兵通信设备（图 4-7）。

图 4-6　车载基站

图 4-7　单兵通信设备

车载基站设备的主要性能指标见表 4-1。

表 4-1　车载基站设备主要性能指标

中心频率	336～344MHz 或 1.4GHz（其他频率可定制，1kHz 步进可调）
调制模式	TVS-OFDMA（QPSK，16QAM）或 4GLTE
工作模式	LDPC、DPD
射频带宽	2MHz/4MHz/8MHz 可选
通话语音	12～64kb/s 可调整（双向双工）
上行数据	最大 15Mb/s（可调整）
下行数据	最大 5.2Mb/s（可调整）
发射功率	2W
接收灵敏度	＜－102dBm
覆盖距离	视距：5km 以上，非视距：1～2km
音频	G.711/G.729
视频	H.264/H.265
数据	IP 透明传输，支持 RS232 数据传输，支持主 IP 和副 IP
图像质量	1080P/720P/D1/HD1/CIF

单兵通信设备的主要性能指标见表 4-2。

表 4-2　单兵通信设备的主要性能指标

中心频率	336～344MHz 或 1.4GHz（其他频率可定制，1kHz 步进可调）
调制模式	TVS-OFDMA（QPSK，16QAM）或 4GLTE
工作模式	LDPC、DPD 支持 4G、Wi-Fi 应用接入
射频带宽	2MHz/4MHz/8MHz 可选
通话语音	12～64kb/s 可调整（双向双工）
上行数据	最大 15Mb/s（可调整）
下行数据	最大 5.2Mb/s（可调整）
发射功率	2W
接收灵敏度	＜－102dBm

续表

覆盖距离	视距：5km 以上，非视距：1～2km
音频	G.711/G.729
视频	H.264/H.265
数据	IP 透明传输，支持 RS232 数据传输，支持主 IP 和副 IP
图像质量	1080P/720P/D1/HD1/CIF

3. 北斗卫星通信技术

全球卫星导航系统国际委员会公布的全球 4 大卫星导航系统供应商，包括美国的全球定位系统(GPS)、俄罗斯的格洛纳斯卫星导航系统(GLONASS)、欧盟的伽利略卫星导航系统(GALILEO)和中国的北斗卫星导航系统(BDS)。其中 GPS 是世界上第一个建立并用于导航定位的全球系统，GLONASS 经历快速复苏后已成为全球第二大卫星导航系统，二者目前正处现代化的更新进程中；GALILEO 是第一个完全民用的卫星导航系统，正在试验阶段；BDS 已经具备了亚太区域的导航定位、授时服务功能，由北斗二号逐步过渡到北斗三号，处于全球化快速发展阶段[17]。与其他 3 个卫星导航系统不同，我国的北斗卫星导航定位系统，除了传统的卫星定位功能，还有短报文的功能，在国防、民生和应急救援等领域，都具有很强的应用价值。特别是震后灾区移动通信中断的情况下，可以使用短消息进行通信、定位等。

北斗系统的短报文通信，是指北斗地面终端和北斗卫星、北斗地面监控总站之间能够直接通过卫星信号进行双向的信息传递，通信以短报文(类似手机短信)为传输基本单位，是北斗卫星导航系统附带的一项功能特性。北斗短报文分为区域短报文(RSMC)和全球短报文(GSMC)。北斗系统利用 GEO 卫星，向中国及周边地区用户提供区域短报文通信服务；北斗系统利用 MEO 卫星，向位于地表及其以上 1000km 空间的特许用户提供全球短报文通信服务。两种报文服务的主要性能指标[18]分别见表 4-3 和表 4-4。北斗系统短报文不仅可以点对点双向通信，而且可以进行一点对多点的广播传输，为各类平台的应用提供了极大便利。

表 4-3 北斗系统 RSMC 服务主要性能指标

性能特征		性能指标
服务成功率/%		≥95
服务频度		一般 1 次/30s，最高 1 次/1s
响应时延/s		≤1
终端发射功率/W		≤3
服务容量/(万次/h)	上行	1200
	下行	600
单次报文最大长度/B		14 000(约等于 1000 个汉字)

续表

性能特征		性能指标
定位精度(95%)/m	RDSS	20(水平),20(高程)
	广义 RDSS	10(水平),10(高程)
双向授时精度(95%)/ns		10
使用约束及说明		若用户相对卫星径向速度大于1000km/h,需进行自适应多普勒补偿

表 4-4 北斗系统 GSMC 服务主要性能指标

性能特征		性能指标
服务成功率/%		≥95
响应时延/min		≤1
终端发射功率/W		≤10
服务容量/(万次/h)	上行	30
	下行	20
单次报文最大长度/B		560(约等于40个汉字)
使用约束及说明		用户需进行自适应多普勒补偿,且补偿后上行信号到达卫星频偏需小于1000Hz

2008年汶川地震初期,震区唯一的通信方式就是北斗一代卫星。救援部队紧急配备了1000多台"北斗一号"终端机,实现了各节点之间、节点与北京之间的直线联络。在灾区通信没有完全修复,信息传送不畅的情况下,各救援部队利用"北斗一号"及时准确地将各种信息发回;救灾指挥部通过"北斗一号",精确判断各路救灾部队的位置,根据灾情及时下达新的救援任务。

4.3 小结

与传统通信不同,震后应急通信具有时间的突发性、地点的随机性、任务的紧迫性以及业务的多样性等特点,既要保障地震现场指挥部和后方指挥中心的互联互通,又要提供能够覆盖地震现场各个处置点的应急通信服务,以实施指挥调度命令下达、灾情信息回传、重点区域监控等任务。震后应急通信系统的部署需要充分考虑组网需求、不同业务的通信需求、不同时间段的通信需求、不同用户的通信需求,因此震后应急通信网络需要采用无线自组织网络、卫星移动通信、短/微波通信等技术来满足上述需求。震后应急通信网络、地震应急机构的组织结构和地震应急响应操作的特点,共同决定了震后应急通信系统是一个多层分布式信息结构,主要包括以下功能:应急通信、资源调度、网络安全管理等。除了传统的通信手段外,5G、地面微波中继、北斗卫星通信等技术也应用在了震后应急通信中。

由于震后应急通信网络的拓扑结构不断变化，下一跳通信节点的选择至关重要，能够影响网络的性能。下一章将研究震后应急通信中下一跳节点的选择算法。

参考文献

[1] 中国建筑科学研究院. 工程抗震术语标准：JGJ/T 1997—2011[S]. 北京：中国建筑工业出版社，2011：4.

[2] 科技日报. 应急通信“生命线”震后十年，从无到有[EB/OL]. [2018-05-11]. http://www.xinhuanet.com/tech/2018-05/11/c_1122815107.htm.

[3] 高方红，侯志伟，高星. 公众参与式地震灾情信息服务平台研究[J]. 地球信息科学学报，2016，18(4)：477-485.

[4] 刘舒悦，朱建明，黄钧，等. 地震救援中基于信息实时更新的两阶段应急物资调配模型[J]. 中国管理科学，2016，24(9)：124-132.

[5] PINSON M H，WOLF S，STAFFORD R B. Video performance requirements for tactical video applications[C]//IEEE Conference on Technologies for Homeland Security. IEEE，2007.

[6] 孙其博，杨放春. 影响 IP 电话话音质量的主要因素及相关技术[J]. 中国数据通信，2003(8)：16-20.

[7] Transition networks. Quality of service(qos) in high-priority applications[EB/OL]. [2016-05-01]. https://www.transition.com/wp-content/uploads/2016/05/qos_wp.pdf.

[8] ALLMAN M. On building special-purpose social networks for emergency communication[J]. Acm Sigcomm Computer Communication Review，2010，40(5)：27.

[9] AKIRA KOTAKI. Initial responses of the government of japan to the great east Japan earthquake (earthquake and tsunami) and lessons learned from them[J]. Journal of Disaster Research，2015，10：728-735.

[10] 刘广钟，徐艺原. 一种针对树形拓扑网络的混合 MAC 协议[J]. 计算机工程，2017，43(11)：32-39.

[11] 谢希仁，陈晓强. 分组无线电网络的进展[J]. 通信学报，1986(4)：89-98.

[12] 胡熠. 论短波频率自适应通信技术[J]. 科学与信息化，2019(29)：6-7.

[13] 赵荣黎. 短波跳频抗干扰技术[J]. 现代通信技术，1997(4)：1.

[14] 王晨，何善宝，尹伟臻，等. 正交频分复用技术卫星应用研究[J]. 航天器工程，2019，28(1)：98-102.

[15] 王海涛，陈晖. 一体化应急通信网络体系框架构建研究[J]. 数据通信，2012：1-4.

[16] 周一青，潘振岗，翟国伟，等. 第五代移动通信系统 5G 标准化展望与关键技术研究[J]. 数据采集与处理，2015(4)：714-724.

[17] 刘艳亮，张海平，徐彦田，等. 全球卫星导航系统的现状与进展[J]. 导航定位学报，2019，7(1)：18-21.

[18] 中国卫星导航系统管理办公室. 北斗卫星导航系统应用服务体系(1.0 版)[EB/OL]. [2019-12]. http://www.beidou.gov.cn/xt/gfxz/201912/P020191227332811335890.pdf.

第5章

震后应急通信中下一跳节点选择算法

地震发生后，流动测震台、应急通信车、单兵设备、无人机等机动性较强的通信设备加入地震设备集群后，将会导致网络拓扑结构不断发生变化。由于地震现场通信基础设施及电力设备可能遭到破坏，因此，我们需要研究一种适当的路由协议，在动态应急通信网络中寻找下一跳节点，使得各节点能耗最低，通信效率最高。本章研究的主要内容是应急通信网络下一跳路由节点选择算法。首先介绍了国内外研究现状，其次分析了地震应急通信网络的应用场景，讨论了震后应急通信网络架构及链路特点，然后讨论了震后应急通信网络中下一跳路由节点的选择，提出了一种基于多属性决策的下一跳路由节点的选择算法，最后通过仿真对算法性能进行了分析。

5.1 引言

近年来，大量的基于观测证据或数据实验的研究表明，世界各地的灾害事件数量、频率和严重程度都在急剧增加[1]。2001 年纽约“9・11”恐怖袭击事件、2005 年伦敦爆炸、2005 年美国卡特里娜飓风及 2018 年印尼海啸等人为袭击或者自然灾害表明，应急通信网络对应急救援的作用至关重要[2]。以地震场景为例，破坏性地震发生之后，大多数社会基础设施，如交通、电力、天然气、水和电信服务等遭受严重损害，灾区居民与外界隔离开来，在相当长的一段时间里，外界无法获取灾区的任何信息。通信基础设施的破坏，一方面导致受灾人员无法与外界取得联系、传递灾情信息；另一方面导致救援人员无法获取灾情信息、确认救援对象的具体位置；另外，导致决策者无法合理调配救灾物资、派遣救援部队。通信基础设施的破坏，将会大大影响救灾进程，从而威胁受灾人员的生命和财产安全。虽然智能手机可以使用应急疏散指导的一些应用程序,但它们都是以正常的数据通信服务为前提,一旦网络瘫痪,这些应用程序将无法根据实际灾情提供帮助。通信基础设施的破坏导致受伤人员信息无法及时传递至救援人员,从而加重灾区人员的伤亡。

来自应急管理机构的报告[3]指出,灾难发生后的最初72小时被认为是组织救援力量拯救生命的最关键时期,称之为“黄金72小时”。在这种灾害情景下,预先部署的网络基础设施可能会被完全或部分破坏,因此,灾害现场无线通信网络的快速、有效部署是一个具有极大挑战性、真正需要解决的问题。2011年日本“3·11”地震提供了一组数据:超过14 000个蜂窝基站遭到破坏,100万条固定网络线路停止服务[4]。在过去10年中,移动设备的使用越来越多,这使得我们对灾害事件的应急响应变得更好、更快。不幸的是,网络中的大多数移动节点都依赖于无线设备的功能(例如自我配置和自我组织),对于灾害场景中存在的其他通信基础设施,这些节点无法识别。在这种情况下,各类移动节点在覆盖范围、成本、自主性和其他因素方面高度异构,我们需要基于这些高度异构的移动节点构建一个具有互操作性、可靠性和适应性的应急通信网络,网络中的移动节点包括安装在应急通信车和便携式桅杆上的传统射频前端、现场单兵通信设备、无人机通信设备等。由于可部署移动节点集的多样性,产生了许多与灾害应急通信网络部署直接相关的研究,尤其是与下一跳路由节点选择相关的研究[5]。在此背景下,学界对灾害应急通信网络中的下一跳路由选择算法进行了广泛的研究,并提出了多种自适应路由算法。对于灾害现场应急通信网络,AODV(ad-hoc on-demand distance vector routing)[6]和LEACH(low energy adaptive clustering hierarchy)[7]是两种经典和流行的路由算法,它们主要通过泛洪和回复消息找到下一跳节点。

移动节点部署、路由协议、网络带宽等许多因素都与灾害现场应急通信网络中的资源分配息息相关,在灾害场景下,移动节点能耗大大受限,下一跳路由节点的选择也因此与一般情况下的路由选择不同。由于缺少中央路由,灾害现场应急通信网络中的下一跳节点选择策略将影响整个应急通信网络的性能。灾害现场应急通信网络内每个节点都是源和目标之间通信路径的一部分,因此就像一个路由器。Ray等[8]设计了一个兼顾可靠性和能耗效率的应急通信网络管理框架。作者使用跳数作为度量消息传输的优先级,由于紧急级别较高,跳数较少,消息必须尽快到达目的地。Ko等[9]提出了一种基于地理位置的灾害现场应急通信网络路由协议,在路由发现期间,根据请求所在的区域搜索路由。Martín-Campillo等[10]提出了灾害现场机会网络的数据转发方法。作者比较了应急通信中4种不同的机会路由协议:传染式路由;基于优先级的调度路由;依据历史相遇和传输信息的概率路由;定时回馈路由协议。但这些机会路由协议中的下一跳节点选择机制没有考虑高密度节点群转发大量信息所消耗的能量。Ramrekha等[11-13]提出了一种混合路由协议

Chameleon(CML),该协议由 AODV 和 OLSR(optimized link state routing)协议组成,它的目的是根据灾害场景下节点的行为来适应网络拓扑结构的变化。Ramrekha 等[14]介绍了 AODV 和 OLSR 在建筑物内应急情况下的性能,研究结果表明,对于低密度网络,主动式 OLSR 优于被动式 AODV,然而,在高密度网络中,AODV 在延迟和抖动方面的性能要好得多。李云等[15]分析了基于 LEACH 协议的无线传感器网络在寿命和吞吐量方面的性能,推导出与每轮仿真时间长度相关的生存周期和吞吐量函数,提高了无线传感器集群网络在生存时间和吞吐量方面的性能。但是,LEACH 不适合支持移动传感器节点,特别是包括了固定节点和移动节点的混合式应急通信网络。

由于应急通信网络的异构特性,本章主要讨论应急通信网络中的下一跳节点选择算法设计,以达到减少能耗,提高数据包接收率(packet reception rate,PRR)的目的。本章的内容主要有以下 3 个方面:

(1) 通过分析地震、火灾和台风 3 种灾害类型的特点,从决策环境和决策目标 2 个维度给出 4 个决策属性标准。

(2) 提出一种应急通信网络中下一跳节点选择方法。由于灾害中的网络通信基础设施遭到破坏,我们选择影响灾害现场应急通信网络的 4 个因素作为决策标准:能耗(energy consumption,EC),连接节点数(connected nodes,CN),到应急通信车(emergency communication vehicle,ECV)的跳数(hop counts,HC)和到最近的 ECV 的距离(distance,DIS)。4 个标准涵盖灾害场景中关于应急通信下一跳节点选择的所有决策因素。我们使用层次分析-接近理想解排序法(analytic hierarchy process-technique for order preference by similarity to an ideal solution,AHP-TOPSIS)来计算所选标准的权重和判断矩阵。

(3) 提出一种应急通信网络的多属性决策算法(multi criteria decision making method for emergency communication protocol,MCDM-ECP)。该算法可以根据灾害现场应急通信网络中的实时路由信息更新路由表,选择最优路径。该算法不仅可以降低移动节点的能耗,而且可以延长灾害现场应急通信网络的网络寿命,对救灾具有重要意义。通过与两种经典算法比较,结果表明该算法在长期应急通信中的能耗和数据包接收率方面均优于 AODV 和 LEACH 算法。

5.2 系统模型

5.2.1 场景及网络架构

无线通信具有部署方便、接入方便、无须布线等特点,是紧急情况下建立临时通信网络的一种有效的解决方案。例如，应急救援人员通常携带便携式移动通信设备，如智能手机、PAD、对讲机等，用于救援任务。这些便携式设备通常被称为移动通信节点，在数据采集和传输中继中起着重要作用。实际上，无论是安装在地面车辆和便携式桅杆上的传统射频前端，还是部署在无人机、直升机和飞机上的新一代移动通信设备，其在覆盖范围和成本方面优势巨大。此外，救援人员在灾害现场使用移动通信节点快速部署无线网络，用于进行应急救援，直至通信基础设施恢复。这类无线网络我们称为灾害现场应急通信网络。在震后应急救援中，我们称上述网络为震后应急通信网络，由使用无线链路以移动方式进行通信的异构节点组成。例如，地震现场由应急救援人员携带的手机、无人机（unmanned aerial vehicle，UAV）、应急通信车和通信卫星构建的网络（图 5-1），用于应急救援和灾后重建等工作。

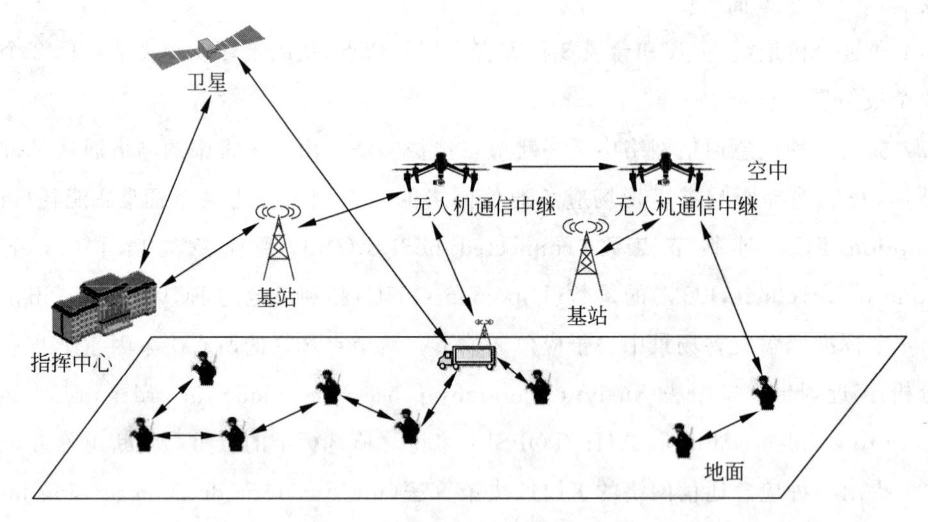

图 5-1 震后应急通信网络拓扑图

在图 5-1 所示的情景中，救援人员（如军队、消防队、救援队等）携带便携式移动通信设备，可以通过单跳或多跳方式与 ECV、UAV 进行通信。由于受到地震等自然灾害的破坏，应急通信车只能停靠在灾区边缘地带，无法进入灾区中心。无人机由于其自身机动性强、体积小、成本低，能够深入灾区作为应急通信的中继节点。救援人员通过便携式移动节点搜集灾区信息，如人员伤亡情况、道路情况、建筑物倒塌情况等，然后通过 ECV 将灾情信息传输至后方指挥中心，指挥中心也可以将应急救援指令通过 ECV 传送至救援人员。救援人员无法直接与 ECV 通信时，可以通过多跳或者无人机中继的方式，建立与指挥中心的联系。ECV 与指挥中心之间通过由卫星、基站等组成的主干网进行数据交互。救援人员在救援过程中，随着特定区域内灾害强度的变化而频繁移动，从而导致频繁的链路中断和网络拓扑结构变化。由于电源容量限制，移动节点的无线覆盖范围有限，当附近没有 ECV 时，移动节点必须借助相邻的移动节点或无人机中继进行数据传输。与移动节点不同，由于

ECV具有充足的电源(UPS及发电机供电)、较大的无线覆盖范围(移动基站)以及多种通信手段(卫星、基站等),因此它能够稳定地与主干网进行通信,不受距离限制。现场灾情信息通过一跳、多跳或无人机中继到ECV,然后通过骨干网传送到指挥中心,从而为决策者提供科学依据,做出适当的决策来营救灾区的难民。

为了更清晰地描述网络结构,以图5-2为例,本章讨论了一个实际震后应急通信网络中的多跳通信实例。A、B和C是应急网络中涉及的3个移动节点。节点A在通信覆盖范围内没有ECV的情况下,需要将一些灾情及救援信息传递到指挥中心,因此必须根据路由表将信息传递到下一跳,如表5-1所示。节点A选择相邻节点B作为下一跳节点进行数据传输,然后节点B选择节点C,最后节点C将数据直接传输到ECV。

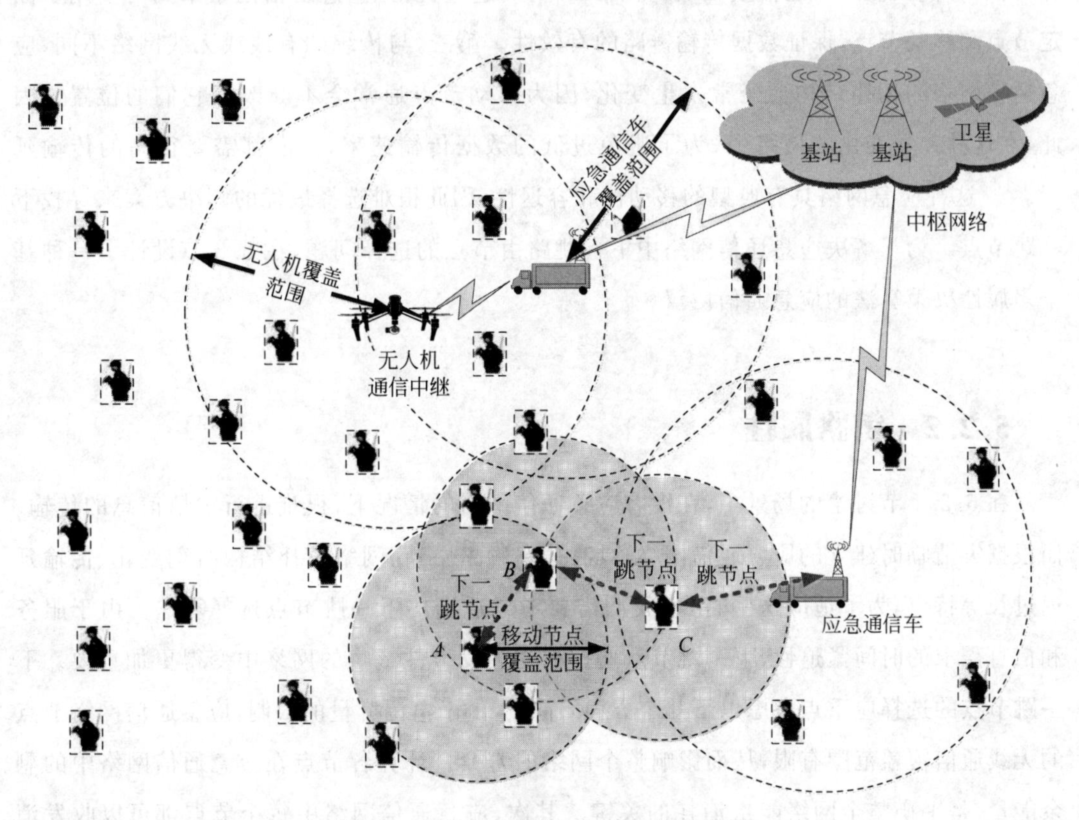

图5-2 震后应急通信网络多跳通信实例

表5-1 节点A的路由表

目的地	跳数	能耗(EC)/%	连接节点数(CN)	到应急车跳数(HC)	到应急车距离(DIS)/km
B	1	30	3	2	100
C	2	60	5	1	40
⋮	⋮	⋮	⋮	⋮	⋮
X	1	40	4	3	80

应急通信网络的特点为：链路频繁中断、数据速率不一致、节点不兼容、所需资源和链路时常不可用。为了提高网络性能，传统研究方向一直致力于通信网络中的移动模型和路由协议。然而，通用路由协议主要是为稳定或苛刻的分布式网络而设计的，忽略了应急网络中节点的移动性，尤其是网络中多个动态通信节点。实际上，应急通信网络不同于传统的移动自组网（mobile ad-hoc network，MANET），因为它们的组成部分包括应急通信车，这些应急通信车作为应急信息的中继站；它们也不同于车载自组网（vehicular ad-hoc network，VANET），因为应急通信网络中的节点在能源供应和信号覆盖方面是不对称的。

在部署应急通信网络之前，我们应考虑以下几个方面：第一，应急通信网络应能够快速部署，以替代被破坏的通信基础设施。第二，为了适应灾情，应急通信网络中同时使用了固定节点和移动节点，保证数据传输链路的有效性。第三，与传统的有线或无线网络不同，应急通信网络的拓扑结构会经常发生变化，因为移动节点通常会不断改变它们的位置。因此，在这种频繁变化的网络中，为了避免过低的数据传输速率，一般都需要很高的传输延迟[16]。这种应急网络具有典型的移动性和容迟性，因此很难选择最优的解决方案来寻找下一跳节点。为了解决应急通信网络中下一跳路由节点的选择问题，在5.3节设计了一种基于多属性决策算法的应急通信协议。

5.2.2 链路属性

在5.2.1节讨论的场景中，在没有应急通信网络的情况下，很难进行灾情信息的传输。而根据灾情临时建立的应急通信网络，具有链路频繁中断、网络拓扑结构时刻变化、传输延迟过长等特点，为了适应这些特点，我们需要考虑适当的下一跳节点选择算法。由于服务和信息需求的时间紧迫性，下一跳节点选择在受突发事件影响的网络中变得更加重要。下一跳节点的选择应重点考虑以下几个方面：首先，由于电源容量的限制，应急通信网络节点的无线通信覆盖范围有限，从而影响整个网络的寿命。计算各节点在应急通信网络中的剩余能量，是平衡整个网络能量消耗的关键。其次，应急通信网络中每个节点都可以收发消息，也可以作为中间节点转发消息连接到其邻居。连接的节点越多，链路拥塞的可能性就越高。为了提高网络的性能，我们应该选择邻居节点较少的节点作为下一跳节点。第三，跳数较少意味着从源到目标的延迟较低，所以我们通常选择跳数最低的下一个跳节点来传递数据。最后，应急通信网络中的每个节点都装有全球定位系统（global positioning system，GPS）进行定位，因此可以计算节点之间的距离。一般来说，我们选择靠近最终目标的节点作为下一跳节点，因为它可以通过较低的跳数连接到目标。

本节以地震、火灾、台风3种不同自然灾害为例，阐述了应急通信网络中关于路由协议

4 种标准选择的普适性及重要性，它们分别为能量消耗(EC)、连接节点数(CN)、到 ECV 的跳数(HC)和到最近 ECV 的距离(DIS)。我们假设网络基础设施在 3 种自然灾害中完全被摧毁，灾害现场快速部署了应急通信网络。

无论何种灾种，EC 都决定了应急通信网络的寿命。消耗的能量越多，应急通信网络寿命越短。在强震中，灾民可能被掩埋在废墟中，等待救援。在灾区基础设施网络通信恢复之前，完成救援任务需要数小时或更长的时间，因此低能耗节点对于应急救援是必不可少的。然而，在火灾中情况恰恰相反，消防员需要在火势威胁被困人员生命之前实施快速救援，因此应急通信网络的能耗可能不像其他标准那么重要。

对于 CN，连接的节点越多，链路拥塞的可能性就越高。为了提高应急通信网络的整体性能，无论在何种灾种下，我们都应该选择邻居节点数较少的节点作为下一跳节点。

低跳数意味着从源节点到目的节点的传输效率较高，所以无论何种灾种，我们通常选择跳数最低的下一跳节点来传递数据。

对于 DIS，应急通信网络中的每个节点都配备 GPS 进行定位，因此可以计算各个节点之间的距离。一般来说，靠近目标的节点被选作下一跳节点，因为它可以通过较低的跳数连接到目标。在地震或台风中，由于道路阻塞，ECV 无法进入震中，因此无法在其覆盖范围之外提供通信服务。在这种情况下，DIS 是应急网络中的一个重要标准。而在一般的火灾(大范围山火等除外)救援中，ECV 可以覆盖整个受灾区域，因此在这种情况下，DIS 可以忽略不计。

综上，本章选择影响应急通信网络的 4 个决策标准为：能量消耗、连接节点数、到 ECV 的跳数、到最近 ECV 的距离。事实上决策标准的选择与本章提出的多属性决策算法不相关，算法中的多属性可以是多种不同属性，而非固定的某几类属性。属性的种类、个数不影响算法的实现。

5.3 算法设计

根据 5.2 节的分析讨论，我们在本节提出了一种应急通信多属性决策算法(multi criteria decision making method for emergency communication protocol，MCDM-ECP)，该算法应用于混合架构的应急通信网络中，用于优化下一跳路由节点的选择方案。该算法主要包括两个步骤：层次分析法(analytic hierarchy process，AHP)算法，用于评估目标节点选择的决策标准；理想点法(technique for order preference by similarity to an ideal solution，TOPSIS)算法，用于评估所有邻居节点中，选择某个节点作为下一跳节点的概率，并按照优先级从最高到最低对邻居节点进行排序。

5.3.1 属性权重

如 4.2 节所述,本节讨论的下一跳节点的选择取决于以下属性：EC、CN、HC 和 DIS。我们使用层次分析法来确定这 4 个属性的权重,然后在下一节中通过 TOPSIS 方法对邻居节点按照成为下一跳节点的概率进行排序。

运用 AHP 算法[17],我们对从以下几个方面对问题进行描述：目的、标准和选择。目的是从路由表中选择最可能的目标节点进行数据分发。标准是影响选择的主要因素,正如我们在 5.2 节中所讨论的,不同的灾种对标准的选择不同,本算法以地震灾害为例进行标准的选择。我们分析了应急通信网络中影响数据传输的变量,并根据它们的相关性,为所提出的 MCDM-ECP 算法选择了 4 个相关变量(EC、CN、HC 和 DIS),所选变量能够满足对路由线路的评估条件。AHP 算法判断矩阵如下：

$$\boldsymbol{P}=\begin{bmatrix} p_{11} & p_{12} & p_{13} & p_{14} \\ p_{21} & p_{22} & p_{23} & p_{24} \\ p_{31} & p_{32} & p_{33} & p_{34} \\ p_{41} & p_{42} & p_{43} & p_{44} \end{bmatrix}$$

其中,$p_{ij}(i=1,\cdots,4,j=1,\cdots,4)$表示特征 i 对 j 的重要程度。我们通过以下公式对 $\boldsymbol{P}$ 的每一列进行归一化操作：

$$\overline{p_{ij}}=p_{ij}/\sum_{k=1}^{4}p_{kj},\quad i=1,\cdots,4;\ j=1,\cdots,4 \tag{5-1}$$

然后,对归一化的矩阵进行每行求和,得到 $w_i(i=1,\cdots,4)$：

$$w_i=\sum_{j=1}^{4}\overline{p_{ij}},\quad i=1,\cdots,4;\ j=1,\cdots,4 \tag{5-2}$$

对 $w_i(i=1,\cdots,4)$再次进行如下归一化：

$$\overline{w_i}=w_i/\sum_{i=1}^{4}w_i,\quad i=1,\cdots,4 \tag{5-3}$$

其中,$\overline{w_i}(i=1,\cdots,4)$表示所选择因素在所有因素中的重要性比率。

最终我们得到权重矩阵 $\boldsymbol{W}$：

$$\boldsymbol{W}=(\overline{w_1},\overline{w_2},\overline{w_3},\overline{w_4}) \tag{5-4}$$

5.3.2 加权多属性决策矩阵

得到权重矩阵之后,我们利用 TOPSIS 算法选择下一跳节点。TOPSIS 能够动态评估应急网络中节点的移动特性。

首先，我们根据上述4个决策标准建立多属性决策矩阵：

$$A=\begin{bmatrix} e_{11} & c_{12} & h_{13} & d_{14} \\ \vdots & \vdots & \vdots & \vdots \\ e_{n1} & c_{n2} & h_{n3} & d_{n4} \end{bmatrix} \tag{5-5}$$

其中，$e_{i1}(i=1,2,\cdots,n)$表示消耗的能量；$c_{i2}(i=1,2,\cdots,n)$表示连接节点数；$h_{i3}(i=1,2,\cdots,n)$表示到ECV的跳数；$d_{i4}(i=1,2,\cdots,n)$表示到最近的ECV的距离；下标n代表邻居节点编号。

其次，我们对矩阵$\boldsymbol{A}$进行如下的归一化操作：

$$e'_{i1}=e_{i1}\Big/\sqrt{\sum_{i=1}^{n}e_{i1}^2},\quad i=1,2,\cdots,n \tag{5-6}$$

$$c'_{i2}=c_{i2}\Big/\sqrt{\sum_{i=1}^{n}c_{i2}^2},\quad i=1,2,\cdots,n \tag{5-7}$$

$$h'_{i3}=h_{i3}\Big/\sqrt{\sum_{i=1}^{n}h_{i3}^2},\quad i=1,2,\cdots,n \tag{5-8}$$

$$d'_{i4}=d_{i4}\Big/\sqrt{\sum_{i=1}^{n}d_{i4}^2},\quad i=1,2,\cdots,n \tag{5-9}$$

得到归一化的矩阵$\boldsymbol{A}'$：

$$\boldsymbol{A}'=\begin{bmatrix} e'_{11} & c'_{12} & h'_{13} & d'_{14} \\ \vdots & \vdots & \vdots & \vdots \\ e'_{n1} & c'_{n2} & h'_{n3} & d'_{n4} \end{bmatrix}$$

第三，我们将$\boldsymbol{A}'$的每一列乘以式(5-4)中的权重矩阵，即$\boldsymbol{A}'$右乘$\boldsymbol{W}^{\mathrm{T}}$，得到加权多属性决策矩阵$\boldsymbol{M}$：

$$\boldsymbol{M}=\boldsymbol{A}'\boldsymbol{W}^{\mathrm{T}}=\begin{bmatrix} e'_{11}\overline{w_1} & c'_{12}\overline{w_2} & h'_{13}\overline{w_3} & d'_{14}\overline{w_4} \\ \vdots & \vdots & \vdots & \vdots \\ e'_{n1}\overline{w_1} & c'_{n2}\overline{w_2} & h'_{n3}\overline{w_3} & d'_{n4}\overline{w_4} \end{bmatrix}$$

5.3.3 下一跳节点选择

简单起见，我们将5.3.2节中得到的加权多属性决策矩阵$\boldsymbol{M}$表示为

$$\boldsymbol{M}=\begin{bmatrix} m_{11} & \cdots & m_{14} \\ \vdots & \vdots & \vdots \\ m_{n1} & \cdots & m_{n4} \end{bmatrix}$$

其中，$m_{ij}(i=1,\cdots,n;j=1,\cdots,4)$为加权多属性决策矩阵元素的简化表示。在本节中，我们使用成本-效益理论[18]来计算并选择下一跳节点。我们在5.2节中选择的4个决策标准(EC、CN、HC、DIS)都是成本类型，因此加权多属性决策矩阵$\boldsymbol{M}$的最优和最差解分别描述为

$$\boldsymbol{M}^{+}=(\min m_{i1},\cdots,\min x_{i4})\triangleq(m_1^{+},\cdots,m_4^{+}),\quad i=1,2,\cdots,n$$

$$\boldsymbol{M}^{-}=(\max m_{i1},\cdots,\max m_{i4})\triangleq(m_1^{-},\cdots,m_4^{-}),\quad i=1,2,\cdots,n$$

其中，$\boldsymbol{M}^{+}$和$\boldsymbol{M}^{-}$分别表示加权多属性决策矩阵$\boldsymbol{M}$的最优和最差解，$\min m_{ij}(i=1,2,\cdots,n;j=1,\cdots,4)$计算第$j$列的最小元素值，$\max m_{ij}(i=1,2,\cdots,n;j=1,\cdots,4)$计算第$j$列的最大元素值。上述两个解的欧氏距离$D$[19]分别为

$$D_i^{+}=\sqrt{\sum_{j=1}^{4}(m_{ij}-m_j^{+})^2},\quad i=1,2,\cdots,n \tag{5-10}$$

$$D_i^{-}=\sqrt{\sum_{j=1}^{4}(m_{ij}-m_j^{-})^2},\quad i=1,2,\cdots,n \tag{5-11}$$

最优解对最差解的偏好指数(PI_i)定义为

$$PI_i=\frac{D_i^{+}}{D_i^{-}+D_i^{+}},\quad i=1,2,\cdots,n \tag{5-12}$$

$$PI_{\min}=\min_{1\leqslant i\leqslant n}PI_i \tag{5-13}$$

PI_i值决定了最优解对最坏解的偏离程度，因此我们选择PI_i值最小的节点$PI_{\min}$作为数据传输的最佳下一跳节点，由式(5-13)看出，该节点最优解对最坏解的偏离程度最小。

5.3.4 MCDM-ECP 算法设计

本节讨论混合应急通信网络架构中多属性决策算法的实现流程。MCDM-ECP涉及两个过程：初始化过程和数据传输过程。

图5-3描述了MCDM-ECP的初始化过程。在应急救援中，ECV和移动节点频繁广播自己的Hello消息(hello messages，HM)以进行路由发现。HM的数据格式为Type EC CN HC DIS IP_0 IP_1 IP_2 … IP_n。“Type”字段是HM的一个特殊标记，用于表示HM的类型。“Type”字段之后是4个决策类型字段，用于描述决定应急网络中性能指标的4种关键因素。“IP_0”字段显示此移动节点的IP地址，以下字段是邻居节点的IP信息，如$IP_x(x=1,2,\cdots,n)$所示。应急救援人员需要经常从一个受影响区域转移到另一个受影响区域执行救援任务，因此在其移动过程中，节点邻居经常发生变化。广播HM的时间周期可以通过平均距离(例如，救援人员从一个受影响区域到另一个受影响区域的平均距离)与

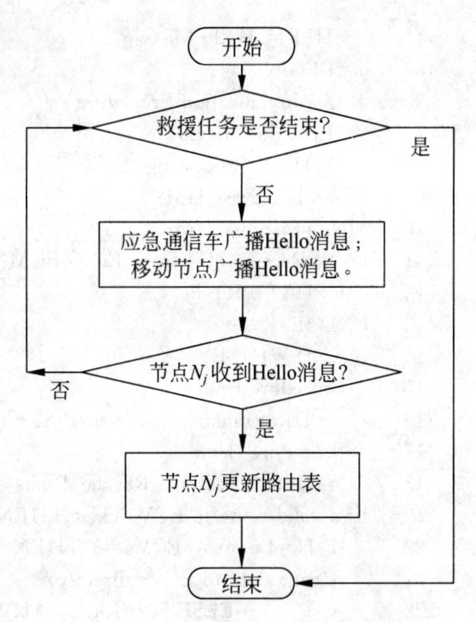

图 5-3　MCDM-ECP 初始化过程

平均速度(例如,救援人员从一个受影响区域移动到另一个受影响区域时的平均速度)的比率计算,即时间＝平均距离/平均速度[20]。

节点接收到其他节点发送的 HM 之后,就会更新自己的路由表。路由表内容包括源标识、目标标识、连接的节点数、跳数、节点位置、下一跳节点等内容。

图 5-4 说明了 MCDM-ECP 算法的数据传输过程。在应急通信网络中,移动节点经常会失去与邻居节点的连接,因此在数据传输之前,节点首先检查路由表中是否有有效的到 ECV 的路由。在路由表中出现到 ECV 的有效路由之前,传输数据将被临时存储。一跳到 ECV 意味着数据可以直接传输到 ECV;否则,应该通过 AHP-TOPSIS 方法选择下一跳节点。

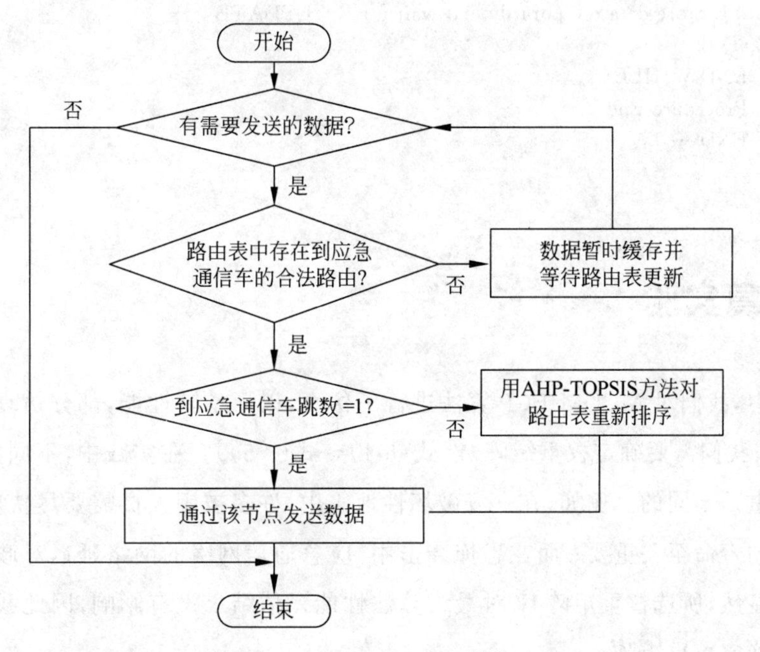

图 5-4　MCDM-ECP 数据传输过程

MCDM-ECP 如算法 5-1 所示。

算法 5-1：MCDM-ECP

```
1    Notations:
2    Nj = Set of Neighbors;
3    RT = Routing Table;
```

```
4        HM = Hello Message;
5        BEGIN
6        /* Initialization Procedure */
7        Procedure Begin
8        WHILE Processing Rescue Tasks
9     ECVs broadcast HM;
10    MNs broadcast HM;
11    IF Nj Receive HM from ECVs or MNs   THEN
12      UPDATE RT in Nj;
13    END IF
14      END WHILE
15      Procedure End
16      /* Data transmission Procedure */
17      Procedure Begin
18      WHILE Processing Rescue Tasks
19    IF a valid route to ECVs exist THEN
20      IF HopCount to ECVs=1 THEN
21        Send data to ECVs directly;
22                ELSE Sort RT by AHP-TOPSIS method;
23        Select top node in RT;
24           Send data via selected node;
25      END IF
26      ELSE Store data temporarily and wait for RT UPDATE
27      END IF
28        END WHILE
29        Procedure End
30        END
```

5.4 仿真实验

在本节中,我们对 MCDM-ECP 算法进行了仿真,以评估其性能,部分仿真源代码见附录 10。首先,我们需要确定权重矩阵 $\boldsymbol{W}$(式(5-1)～式(5-5))。在实践中,不同类型的灾害,其属性的权重是不同的。例如,在一场破坏性地震中,许多被困人员需要尽快获救,因此应急通信网络的寿命至关重要；而在恐怖袭击中,应急通信网络的网络延迟对政府操纵局势至关重要。显然,所选权重矩阵 $\boldsymbol{W}$ 对最终算法性能评估结果没有影响,因此我们选择一个地震场景来确定权重矩阵。

$$\boldsymbol{P}=\begin{bmatrix}1 & 2 & 4 & 4\\ 0.5 & 1 & 0.5 & 0.5\\ 0.25 & 2 & 1 & 1\\ 0.25 & 2 & 1 & 1\end{bmatrix}$$

通过式(5-1)～式(5-4),我们可以计算出权重矩阵:

$$\boldsymbol{W}=[0.50,0.14,0.18,0.18]$$

表 5-2 列出了仿真参数。部分仿真代码见附录 5。为了评估该算法的性能，我们通过设置应急场景下不同的移动节点数，对提出的 MCDM-ECP 算法与其他经典下一跳路由节点选择算法进行比较。由于应急通信网络中的节点需要消耗能量来进行通信，因此节点剩余的能量会严重影响网络的通信效率，进而影响网络的寿命。在仿真中，根据文献[21]，我们将节点能量阈值设置为 10%，即剩余能量低于 10%，我们认为节点无法进行正常通信。

表 5-2　仿真参数

参数描述	值
节点分布范围/m×m	1000×1000
应急车位置/m×m	1000×630
节点初始化能量/J	0.5
控制消息大小/B	32
数据消息大小/B	4000
传输每比特能耗(J/B)	5×10^{-8}
接收每比特能耗(J/B)	5×10^{-8}
传输每比特的有效能耗(J/B)	1×10^{-11}
空间中每比特的传输增益控制(J/B)	1.3×10^{-15}
每比特数据聚合能量(J/B)	5×10^{-9}

图 5-5 显示了剩余能量超过 10% 的节点数量随时间增长而不断减少。但是，当节点总数较多时，随着时间的推移，剩余能量高于阈值的节点数目会相对较多。这是因为在这种情况下，应急通信网络中更多的节点通过传输同一条消息来共享能量损耗，从而每个节点损耗能量相对较少。

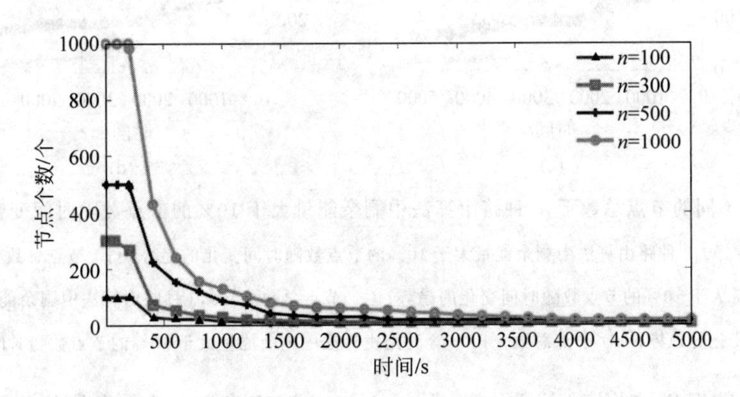

图 5-5　剩余能量超过 10% 的节点数与时间变化的关系

图 5-6 从能耗随时间变化的趋势方面对各个路由算法进行比较。在图 5-6 所示的 4 张图中，节点总数依次选取 100、300、500 和 1000，得到的剩余能量超过 10% 的节点数随时间变化的趋势相似，说明在对比的所有算法中，剩余能量超过 10% 的节点数量都会随着时间

的推移而减少。应急通信开始时(0～2000s),LEACH 算法在能耗方面优于 MCDM-ECP 和 AODV。这是因为初始状态下,所有节点能量为 100%,在这种情况下,簇头选择过程在 LEACH 协议下不会被频繁执行。在 2000s 后,在 LEACH 算法中,簇头的选择需要消耗剩余的能量,这将增加整个应急通信网络的负担,此外,距离 ECV 一到两跳的节点,仍然需要与远离 ECV 的簇头进行通信,大大降低了通信效率,进一步增加了能量损耗。对于 MCDM-ECP 算法,4 个属性是寻找下一跳节点的主要依据,综合考虑了能耗、延迟等因素,因此在长期的应急通信中,在能耗方面,MCDM-ECP 性能更优越。

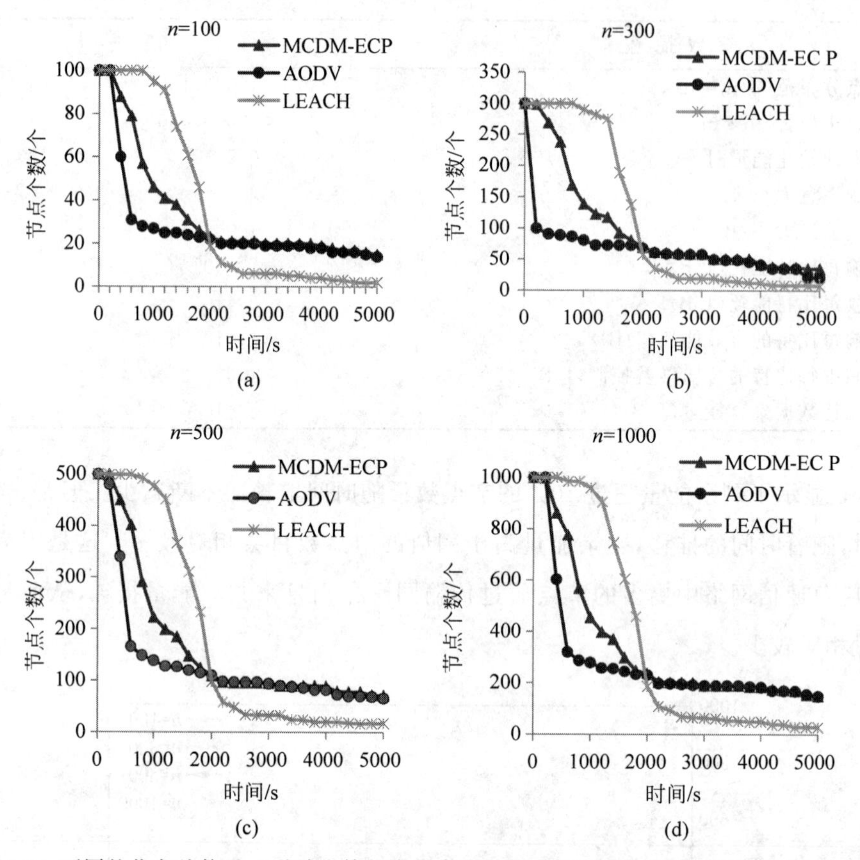

图 5-6 不同的节点总数下,3 种路由算法中剩余能量大于 10%的节点数随时间变化的趋势

(a) 节点总数=100,3 种路由算法中剩余能量大于 10%的节点数随时间变化的趋势;(b) 节点总数=300,3 种路由算法中剩余能量大于 10%的节点数随时间变化的趋势;(c) 节点总数=500,3 种路由算法中剩余能量大于 10%的节点数随时间变化的趋势;(d) 节点总数=1000,3 种路由算法中剩余能量大于 10%的节点数随时间变化的趋势

图 5-7 从数据包接收率(package received rate,PRR)随时间变化的趋势方面对 3 种路由算法进行比较。在图 5-7 所示的 4 张图中,节点总数依次选取 100、300、500 和 1000,得到的 PRR 随时间变化的趋势相似,说明在对比的所有算法中,PRR 都会随着时间的推移而逐渐降低。从图 5-7 中可以看出,由于通信条件较差(本实验仿真的应急通信场景),PRR 在我们的仿真中整体表现较差。在每种算法下,PRR 随时间的推移而下降。应急通信(0～

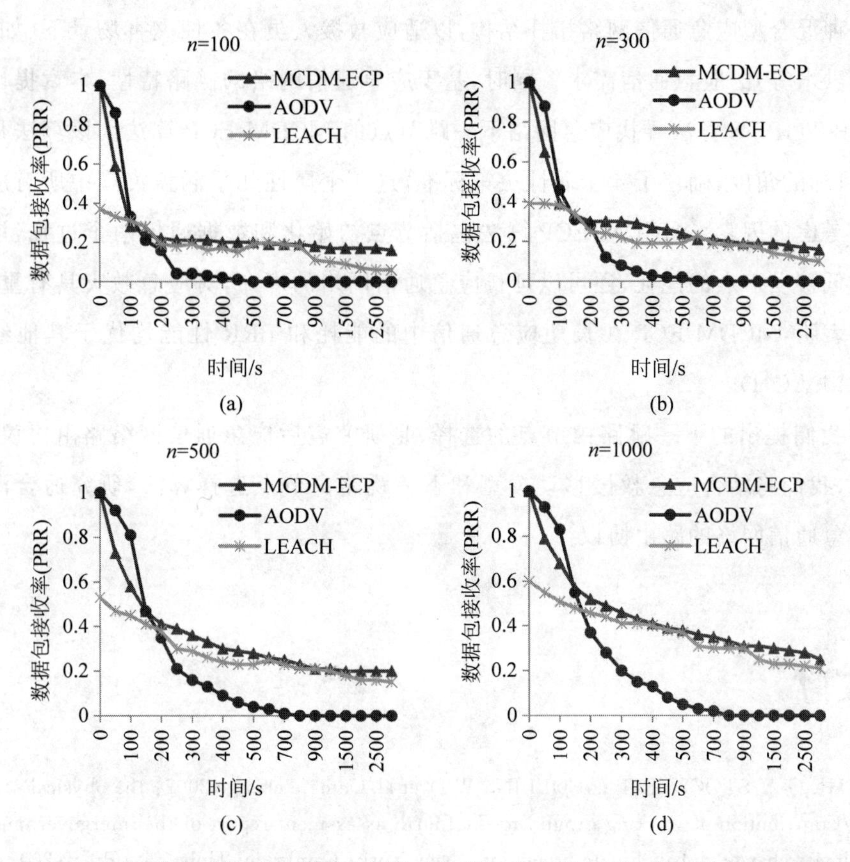

图 5-7 不同节点总数下，3 种路由算法中数据包接收率(PRR)随时间变化的趋势

(a) 节点总数=100，3 种路由算法中 PRR 随时间的变化趋势；(b) 节点总数=300，3 种路由算法中 PRR 随时间的变化趋势；(c) 节点总数=500，3 种路由算法中 PRR 随时间的变化趋势；(d) 节点总数=1000，3 种路由算法中 PRR 随时间的变化趋势

150s)开始时，AODV 算法在 PRR 方面显示出最佳性能，这是因为节点可以通过使用 AODV 算法对其请求进行多播，从而轻松找到目标。150s 后，MCDM-ECP 算法由于采用多属性决策算法而获得最高的 PRR，而 AODV 算法则表现最差，因为多播请求消耗了太多能量。LEACH 算法在 150s 后的性能比 MCDM-ECP 算法稍差，因为能量负载在应急通信网络中的节点之间均匀分布。

5.5 小结

由于应急通信网络拓扑结构的动态性及能耗的限制，传统的下一跳节点选择算法无法满足应急网络的需求。在灾害应急救援场景中，应急通信网络要求及时的信息共享。本章设计了一种混合型应急通信网络拓扑结构，以适应救援人员在各种灾害场景下(如地震、台风、火灾、洪水等)的应急通信需求。同时，基于应急通信网络的链路特性，本章提出了一种利用 AHP-TOPSIS 方法寻找应急网络下一跳节点的 MCDM-ECP 算法。该算法从决策环境、决策目标的角度，确定了 4 个属性决策标准，这 4 个属性几乎涵盖灾难中所有应急通信决策需要考虑的因素。MCDM-ECP 算法包括节点初始化和数据通信两个过程，该算法不仅可以降低移动节点的能耗，还可以延长应急通信网络的寿命，对应急救灾具有重要意义。仿真结果表明，MCDM-ECP 在长期应急通信中的能耗和 PRR 性能均优于其他经典算法(AODV、LEACH)。

本章我们提出的下一跳路由节点的选择，是研究震后应急通信网络路由协议的关键。在下一章，我们将结合应急救援移动模型和下一跳路由节点选择算法，研究适合混合异构的震后应急通信网络的路由协议。

参考文献

[1] MEEHL G A, STOCKER T F, COLLINS W D, et al. Climate change 2007: the physical science basis [C]//Contribution of working group i to the fourth assessment report of the intergovernmental panel on climate change global climate projections, New York: Cambridge University Press, 2007: 747-846.

[2] FRAGKIADAKIS A G, ASKOXYLAKIS I G, TRAGOS E Z, et al. Ubiquitous robust communications for emergency response using multi-operator heterogeneous networks[J]. EURASIP Journal on Wireless Communications and Networking, 2011, 2011(1): 13.

[3] KUNTZE H B, FREY C W, CHOUCHENKOV I T, et al. Seneka-sensor network with mobile robots for disaster management[C]//Proceedings of the IEEE HST, Waltham, MA, USA, 13-15 November 2012.

[4] TAKEUCHI Y. Radio policy in Japan[C]//Proceedings of the ministry of internal affairs and communications, Tokyo, Japan, 21 September 2011.

[5] REINA D G, ASKALANI M, TORAL S L, et al. A survey on multihop Ad-Hoc networks for disaster response scenarios[J]. Int. J. Distrib. Sens. Netw., 2015(3): 16.

[6] WANG J, WU Y, YEN N, et al. Big data analytics for emergency communication networks: a survey [J]. IEEE Commun. Surv. Tutor., 2016, 18: 1758-1778.

[7] SHARMA V, SHARMA S. Low energy consumption based patient health monitoring by LEACH protocol[C]//Proceedings of the 2017 international conference on inventive systems and control (ICISC), Coimbatore, India, 19-20 January 2017.

[8] RAY N K, TURUK A K. A framework for disaster management using wireless ad hoc networks[C]// Proceedings of the 2011 international conference on communication, computing & security, rourkela, India, 12-14 February 2011, 138-141.

[9] KO Y B, VAIDYA N H. Location aided routing (LAR) in mobile Ad-Hoc networks[J]. Wirel. Netw., 2000, 6: 307-321.

[10] MARTÍN-CAMPILLO A, CROWCROFT J, Yoneki E, et al. Evaluating opportunistic networks in

disaster scenarios[J]. J. Netw. Comput. Appl. ,2013,36：870-880.

[11] RAMREKHA T A,POLITIS C A. Hybrid adaptive routing protocol for extreme emergency Ad-Hoc communication[C]//Proceedings of the 19th international conference on computer communications and networks,Zurich,Switzerland,2-5 August 2010,1-6.

[12] PANAOUSIS E A,RAMREKHA T A,MILLAR G P,et al. Adaptive and secure routing protocol for emergency mobile Ad-Hoc networks[J]. Int. J. Wirel. Mobile Netw. ,2010,2：62-78.

[13] RAMREKHA T A,TALOOKI V N,RODRIGUEZ J,et al. Energy efficient and scalable routing protocol for extreme emergency Ad-Hoc communications[J]. Mobile Netw. Appl. , 2012, 17：312-324.

[14] RAMREKHA T A,POLITIS C. Mobile lightweight wireless systems[C]//An adaptive QoS routing solution for manet based multimedia communications in emergency cases; Springer：Berlin/Heidelberg,Germany,2009,74-84.

[15] LI Y,YU N,ZHANG W,et al. Enhancing the performance of LEACH protocol in wireless sensor networks[C]//Proceedings of the 2011 IEEE conference on computer communications workshops (INFOCOM WKSHPS),Shanghai,China,10-15 April 2011,223-228.

[16] MOTA V F S,CUNHA F D,MACEDO D F,et al. Protocols,mobility models and tools in opportunistic networks：a survey[J]. Computer Communications,2014,48：5-19.

[17] SAATY T L. Decision making with the analytic hierarchy process[J]. International journal of services sciences,2008,1(1)：83-98.

[18] REN J,LIANG H,CHAN F T S. Urban sewage sludge,sustainability,and transition for Eco-City：multi-criteria sustainability assessment of technologies based on best-worst method[J]. Technological Forecasting and Social Change,2017,116：29-39.

[19] ARSLAN T. A weighted euclidean distance based TOPSIS method for modeling public subjective judgments[J]. Asia-Pacific Journal of Operational Research,2017,34(3)：175-179.

[20] SINGH V,DADHICH R. Efficient routing by minimizing end to end delay in delay tolerant enabled VANETs[J]. International Bulletin of Mathematical Research,2015,2(1)：241-245.

[21] RAMREKHA T A,POLITIS C. A hybrid adaptive routing protocol for extreme emergency Ad-Hoc communication[C]//2010 Proceedings of 19th international conference on computer communications and networks. IEEE,2010,1-6.

第6章 震后应急通信网络路由协议

破坏性地震发生后，灾区网络基础设施架构遭到破坏，为保障灾区内应急救援的效率，我们急需快速恢复受灾地区的网络通信。本章在第3章基于CIBFRMM的基础上，结合第5章下一跳路由节点选择算法，提出一种适合混合异构的震后应急通信网络路由协议。本章首先介绍了国内外研究现状，其次描述了震后现场应急通信及应急救援场景，对震后应急通信网络中的应急通信车、无人机、救援单兵通信设备等固定节点和移动节点的通信方式进行了详细阐述，然后提出一种新的基于CIBFRMM的应急通信网络路由协议，详细介绍了路由协议的建立、更新与维护过程，并通过仿真对路由协议性能进行了分析，最后总结了本章内容。

6.1 引言

破坏性地震发生后，灾区通信基础设施和电力系统都将遭受不同程度的破坏，导致通信系统瘫痪。救援人员需要在灾区迅速建立现场无线自组织网络，满足灾区内外的通信需求。与一般的自组织网络不同，地震现场应急通信网络中的节点具有能量受限、通信高能耗而数据计算低能耗等特点。近年来已受到学者的广泛关注：李慕峰等[1]对应急通信场景中网络节点的能耗进行了研究，在DCHS(deterministic cluster-head selection)协议的基础上，把链路质量引入通信代价函数，提出一种基于链路质量的最短路径非均匀分簇算法，通过节省能耗提高应急通信网络的寿命。薛莉思等[2]以雅安大地震为例，通过分析四川省的地势情况，建立不同的地震应急通信模型，筛选出适合四川省的地震应急通信多副本路由协议。余翔等[3]针对应急通信场景，改进了AODV协议，提出一种基于TD-LTE的SE-

AODV 协议,充分考虑了链路质量和节点能耗,增加了应急网络的寿命。王小明等[4]提出了一种基于移动用户社交活动程度和物理接触因子的两阶段扩展转发动态路由协议,显著提高消息的传递率,降低消息的开销比和平均延迟。应急通信网络中按需路由协议的路由发现过程开销较大,节点能耗较高,为解决上述问题,R. Ramalakshmi 等[5]提出了一种加权低功耗路由协议。该协议基于权值选择网络节点的最大加权最小连通控制集,该控制集由链路稳定性、机动性和能量组成。仿真结果表明,该协议在数据包传送率、控制消息开销、传输延迟和能耗等方面优于其他协议。Dhafer Ben Arbia 等[6]提出了一种新的灾难应急网络多跳路由协议,通过该协议建立救援人员与指挥中心之间的自组网。路由表基于实时端到端链路质量估计度量进行优化,与主动式、被动式、基于地理信息的其他路由协议进行比较,本算法在数据包接收率和能量消耗方面优于其他协议,提高了应急通信网络的生存时间和可靠性。Vipin Bondre 等[7]分析了传统的 AODV 路由协议在应急通信中的性能,B. Ramakrishnan 等[8]对应急场景下的 DSR、DSDV 等传统路由协议的性能进行了分析。然而,上述关于应急通信路由协议研究未考虑灾后应急救援人员的移动模型,也未考虑灾区所需救援的紧急程度。本章模拟地震应急救援场景,根据第 3 章提出的 CIBFRMM,结合第 5 章的 MCDM-ECP 下一跳节点选择算法,提出一种基于 CIBFRMM 的震后应急通信网络路由协议。主要内容如下:

第一,模拟震后应急救援场景,基于 *RUD*(救援紧急程度)、*PH*(象限)、*PHR*(象限等级)的移动救援节点通信机制,对震后应急通信网络中的应急通信车、无人机、救援单兵通信设备等固定节点和移动节点的通信方式进行了详细阐述(*RUD*、*PH*、*PHR* 的参数说明见表 3-1)。

第二,基于 CIBFRMM,结合 MCDM-ECP 下一跳路由节点选择算法,提出新的震后应急通信网络路由协议,根据移动节点所在象限判断到应急通信车的跳数,实时更新路由表,选择最优下一跳节点,提高了数据包的投递成功率,降低了端到端延迟。

6.2 系统模型

6.2.1 场景描述

在震后应急通信网络中,应急通信车、基站等通信设施为静态节点,携带单兵通信设备的应急救援人员为移动节点,而用于应急救援的无人机设备,既可作为中继通信的静态固定节点,也可作为灾情信息采集的移动节点。地震发生后,根据受灾程度的不同,我们为每个受灾区赋予描述其受灾程度的变量 CI，携带单兵设备的救援人员在各个受灾区域进行救援。应急通信车、无人机、单兵设备都有各自不同的通信覆盖范围。由于客观交通环境限制，应急通信车无法深入灾区中心。应急通信车默认位置为受灾矩形区域的长边中点，其作用包括两方面：一是定义所有移动救援人员的初始位置，并且所有救援人员完成救援任务后需返回应急通信车；二是移动救援人员在移动→救援→返回过程中，保障应急通信车与救援人员的实时通信。无人机受益于其较强的机动性和滞空能力，能够深入灾区上空扮演中继通信节点或者灾情信息采集的角色，然而，由于其电池容量、通信接口兼容性等因素，导致我们无法在灾区大量部署。救援人员携带便携式单兵设备能够进入灾区进行救援，然而单兵设备通信覆盖范围较小，成本较高，并且有能耗需求，其用于通信的作用也是有限的，无法长时间扮演热点或中继的角色。因此，震后应急通信网络内的通信设备如何相互配合，使得通信效率最高，是地震现场应急救援需要关注的关键问题之一。

6.2.2 通信节点介绍

震后应急通信网络中的通信设备主要包括应急通信车、无人机、救援单兵设备、基站、卫星等，这是一个混合的自组织网络，既包括固定通信节点(如应急通信车、基站、用于中继的无人机等)，也包括移动通信节点(如救援单兵设备、卫星等)。我们暂且不考虑用于灾情信息采集的无人机作为中继节点。

以图 5-1 所示的应急通信场景为例，每个移动救援节点上都配备有无线通信模块，救援节点之间可以利用自组网进行通信，完成数据包的收发、中继等传输过程。救援节点也能够与覆盖范围内的应急通信车、无人机等固定节点进行通信。应急通信车为位置固定的通信节点，其向下可以与处在受灾区域内部的移动救援节点、无人机等利用自组网进行无线通信，向上可以与基站、卫星等通信设施进行通信，通过骨干网络向后方汇报整个受灾区域的受灾情况和救援进度。各个链路中传输的数据包内包含救援节点的移动信息，救援任务的处理进程，以及受灾的情况信息等。处在某移动救援节点的无线通信范围内的其他移动救援节点、固定通信节点可以接收到该移动救援节点发送的 Hello 包信息，同样地，处在某固定通信节点的无线通信范围内的其他移动救援节点、固定通信节点也可以接收到该固定通信节点发送的 Hello 包信息。假设每个移动救援节点的无线通信覆盖范围的半径相同，定义为 R。移动救援节点的数据传输路由主要依靠对下一跳节点的选择算法，利用多跳的方式发送至应急通信车，即每个数据包发送的源节点为受灾区域内部的移动救援节点，目的节点为处在受灾区域矩形场景长边中点的应急通信车(如图 3-3 所示)，中继节点为受灾区域内部的移动节点或无人机固定节点。在中继节点与中继链路的选择中，我们的目标为在保证通信链路稳定的前提下，最大限度减少数据传输延时。基于第3章的讨论可知，在某一 *RUD* 值的受灾区域内，移动救援节点可近似看作为均匀分布。为了保障救援过程中整个通信链路的稳定性，我们可以考虑在每个 *RUD* 值不同的受灾区域边缘，即靠近应急通信车一侧的长边中点处放置一个固定的无人机通信节点，该节点不承担救援任务。当一个 *RUD* 值受灾区域的救援任务全部结束后，该固定无人机返回应急通信车，直至最后一架固定无人机通信节点返回应急通信车，代表整个受灾区域的应急通信任务的结束，同时标志着该受灾区域应急救援任务的结束。

6.3　协议设计

6.3.1　路由的发现与建立

在通信机制中，为了使数据能够以较小的延时传送至应急通信车，我们优先根据每个移动救援节点当前所处区域的 *RUD* 值、*PHR* 值、*PH* 值确定下一跳中继节点的选择，如果无法根据上述各值确定下一跳节点，则根据第5章中的MCDM-ECP算法，计算备选节点集里面各个节点权重最大的节点，即最优的下一跳节点。其中 *RUD* 值和 *PHR* 值为单个量化元素，用于定义该移动救援节点所处位置的等级，*PH* 值为一个数值从1～4组成的集合序列，序列元素的个数等于 *PHR* 的值，移动救援节点可以根据该序列知道该区域的准确划分次序和之前级数的象限所在位置，便于节点选择出更合适的下一跳移动救援节点。因此，在路由发现与建立的过程中，需要对路由请求（routing request，RREQ）消息进行扩展，以便满足我们提出的通信机制的路由的发现与建立过程。RREQ主要用于节点之间路由建立过程中节点向自己的邻居节点发送请求信息，并以广播的形式进行发送。

我们在传统的RREQ信息的基础上对RREQ进行了改进，在保留字段中增加了四个新的字段：*RUD*、*PHR*、*PH*、*PHSW*。其中，*RUD* 用来记录节点所在的区域，其作用在于判断此时的节点分布区域是矩形还是矩形环。*PHR* 用来记录节点所在的象限级数，级数可以用来判断该移动救援节点的相对位置。*PH* 用来记录节点完整的象限级数划分的过程，其可以用来判断其与固定应急通信车的相对位置，在备选节点的象限级数相同时，该信息可以用来选出更接近应急通信车的移动救援节点。*PHSW* 根据节点的 *PHR* 和 *PH* 值，为每个节点计算一个权重值。该值用来选取最合适的下一跳中继节点。

6.3.2 移动救援节点通信机制

每个处在 RUD 值不同区域的无人机固定通信点的 RREQ 数据包中，只有 RUD 值这个标志位有内容，其 RUD 值就代表该无人机固定通信节点位于该 RUD 值所在的受灾区域靠近应急通信车一侧的长边中点处，其他标志位 PHR、PH、$PHSW$ 的内容均为空。

由于我们假设每个 RUD 值的受灾区域的长边中点都有一个无人机固定节点承担中继作用，即 $RUD=1$，$RUD=2$，…，$RUD=n$，应急通信车，共 $n+1$ 个固定通信点依次排成一条直线，且相邻两个无人机固定点之间可以实现通信，那么，某个正在执行救援任务的移动节点可以将其数据包传送给某一无人机固定节点，而其之后的数据转发无须依靠其他移动救援节点，仅仅依靠固定节点之间的多跳就可以将数据传输到应急通信车。在这种情况下，当备选的下一跳节点处在不同的分级象限时，如何通过象限的 ID，通过数据的建模，准确地挑选出最合适的下一跳中继节点（移动节点或固定节点），是路由协议需要考虑的关键。显然，由于目的节点（应急通信车）的位置在灾区中心的上方中间，因此在划分象限时，第一、二象限离应急通信车所在的位置更近，而第三、四象限则由于在 x 轴的下方，其离应急通信车的位置相对较远。因此，一、二象限的权重值设置应该比三、四象限的权重值要大。各象限中心点与应急通信车的距离可以由式(6-1)表示(如图 6-1 所示)：

$$D_{PH}=\begin{cases} c, & PH=1 \text{ 或 } 2 \\ d, & PH=3 \text{ 或 } 4 \end{cases} \tag{6-1}$$

其中，a、b 分别为长边和短边的长度；D_{PH} 表示各象限中心到应急通信车的距离；c 为一、二象限的中心到应急通信车的距离；d 为三、四象限的中心到应急通信车的距离。由图 6-1 可以计算出：

$$c=\sqrt{\left(\frac{a}{4}\right)^2+\left(\frac{b}{4}\right)^2} \tag{6-2}$$

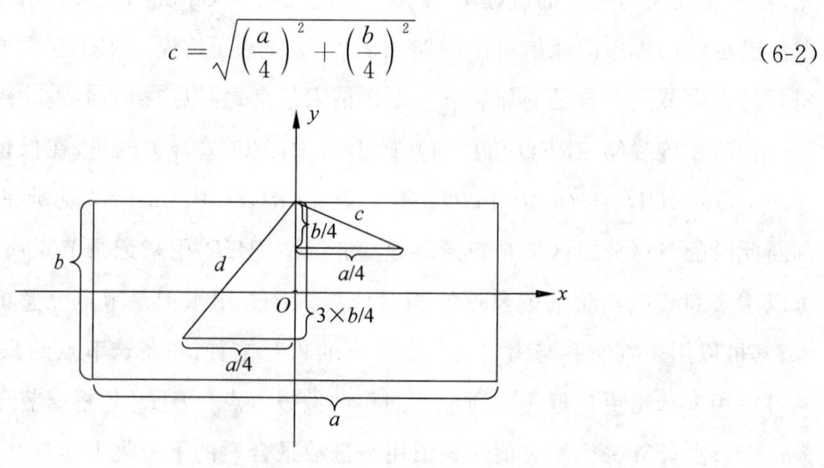

图 6-1 各象限权重计算示意图

$$d=\sqrt{\left(\frac{a}{4}\right)^2+\left(\frac{3b}{4}\right)^2} \tag{6-3}$$

以一、二象限权重系数为基准单位，即这两个象限权重系数都为1，三、四两个象限权重系数可以通过各象限的 D_{PH} 与一、二象限的 D_{PH} 的比值得到：

$$W_{PH}=\frac{d}{c}=\frac{\sqrt{a^2+9b^2}}{\sqrt{a^2+b^2}} \tag{6-4}$$

其中，参数值 W_{PH} 即三、四象限的权重系数，用于比较一、二象限移动节点数量比三、四象限优越的程度。象限的中心点离应急通信车越近，其分配的移动节点数权重越高，反之越低，如图6-1所示。

我们能够推断出，象限级数越低，其选择的比重应越大。例如，如果两个备选的移动救援节点的二级象限都是第一象限，其第二级象限的比重应该是一样的，但是A备选节点的第一级象限是1，B备选节点的第一级象限是3，那么在第一次四分划分时，A比B有优势。也就是说，级数越大，其象限ID对应的权重关系就越发显得不那么重要了。因此，我们可以通过 PHR 和 PH 值，利用迭代的方式将权重值表示出来。我们用 $PH_i=j$ 来表示该节点的 $PHR=i$ 的第 j 级象限的对应象限ID，例如 $PH_3=4$ 代表该节点的第三级象限是第四象限。由式(6-1)、式(6-4)可得

$$D_{PH_i}=\begin{cases}c_i & PH_i=1\text{ 或 }2\\ d_i & PH_i=3\text{ 或 }4\end{cases} \tag{6-5}$$

$$W_{PH_i}=\frac{\sqrt{a_i^2+9b_i^2}}{\sqrt{a_i^2+b_i^2}} \tag{6-6}$$

根据每个节点的 PH 和 PHR，我们可以计算出每个节点的象限总权重值：

$$PHSW=\sum_{i=1}^{PHR}W_{PH_i} \tag{6-7}$$

进一步地，如果两备选节点的 $PHSW$ 值相同，但其 PH 值集合内容不同，这是因为我们仅考虑区域中心与应急通信车的距离，这种情况下，一、二象限没有区分度，三、四象限没有区分度。此时，我们应进一步计算每个象限级里面的各个象限的个数。由第3章移动救援节点分配算法可知，尽管一、二象限都离应急通信车近，但是在分配的过程中，第一象限有更高的概率分配到比第二象限多的移动救援节点（$M/4=1$ 的情形）。在该前提下，选择第一象限的移动节点作为下一跳节点，要比选择第二象限的移动节点好，因为前者包含的移动节点多，下一跳之后联通的概率更大。基于第4章的分配规则可知，各象限优先级顺序如下：一象限>二象限>四象限>三象限，只有当备选节点的 $PHSW$ 值都相等时，再计算各象限的个数，选择优先级高的象限的节点作为下一跳节点。

更进一步地，如果两个备选节点的 *PHSW* 值相同，各象限节点优先级也相同，那么这两个备选的节点处在相同的多级象限内，即它们的象限集合里面的元素、次序完全相同。此时，我们需要根据第 5 章中提出的 MCDM-ECP 算法选出最合适的下一跳节点。

6.3.3 基于四象限移动模型的路由协议

本节我们讨论基于受灾程度的救援人员四象限移动模型(CIBFRMM)的震后应急通信网络路由协议(CIBFRMM based routing protocol，CBRP)，其建立和更新流程分别见图 6-2 和图 6-3。

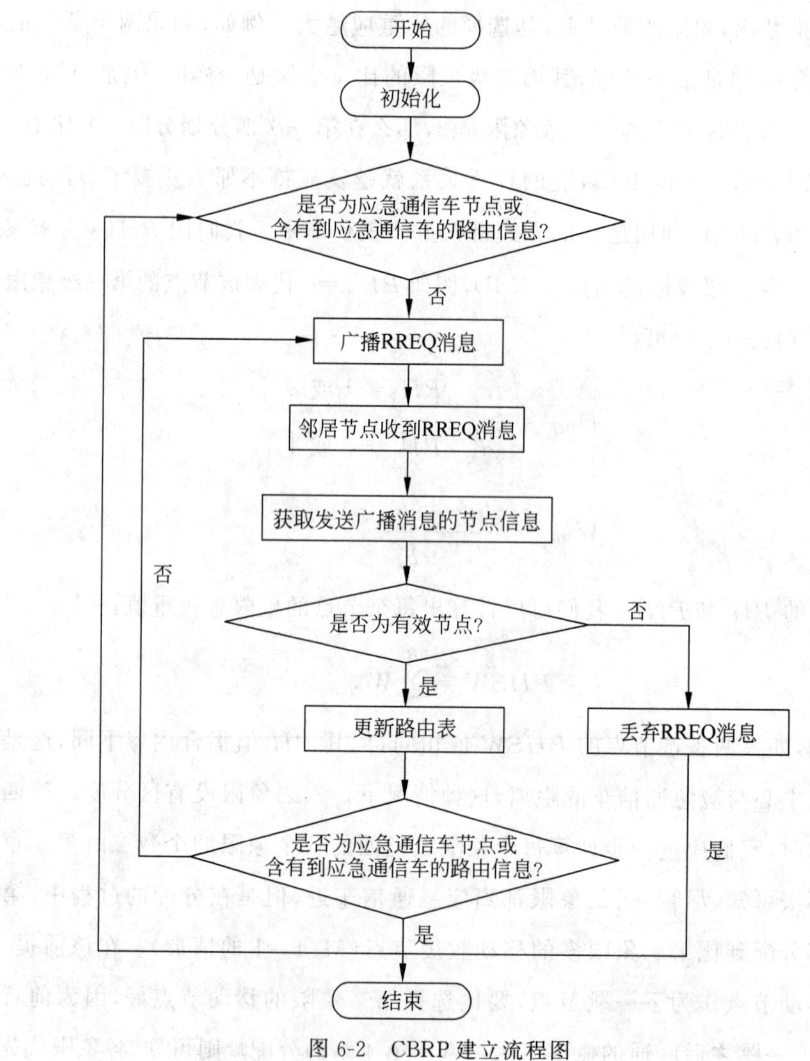

图 6-2　CBRP 建立流程图

图 6-2 描述了 CBRP 的建立流程：首先，节点判断是否有到应急通信车的路由线路。如果不存在一跳或多跳至应急通信车的路由，那么该节点向邻居节点广播 RREQ 消息，邻居

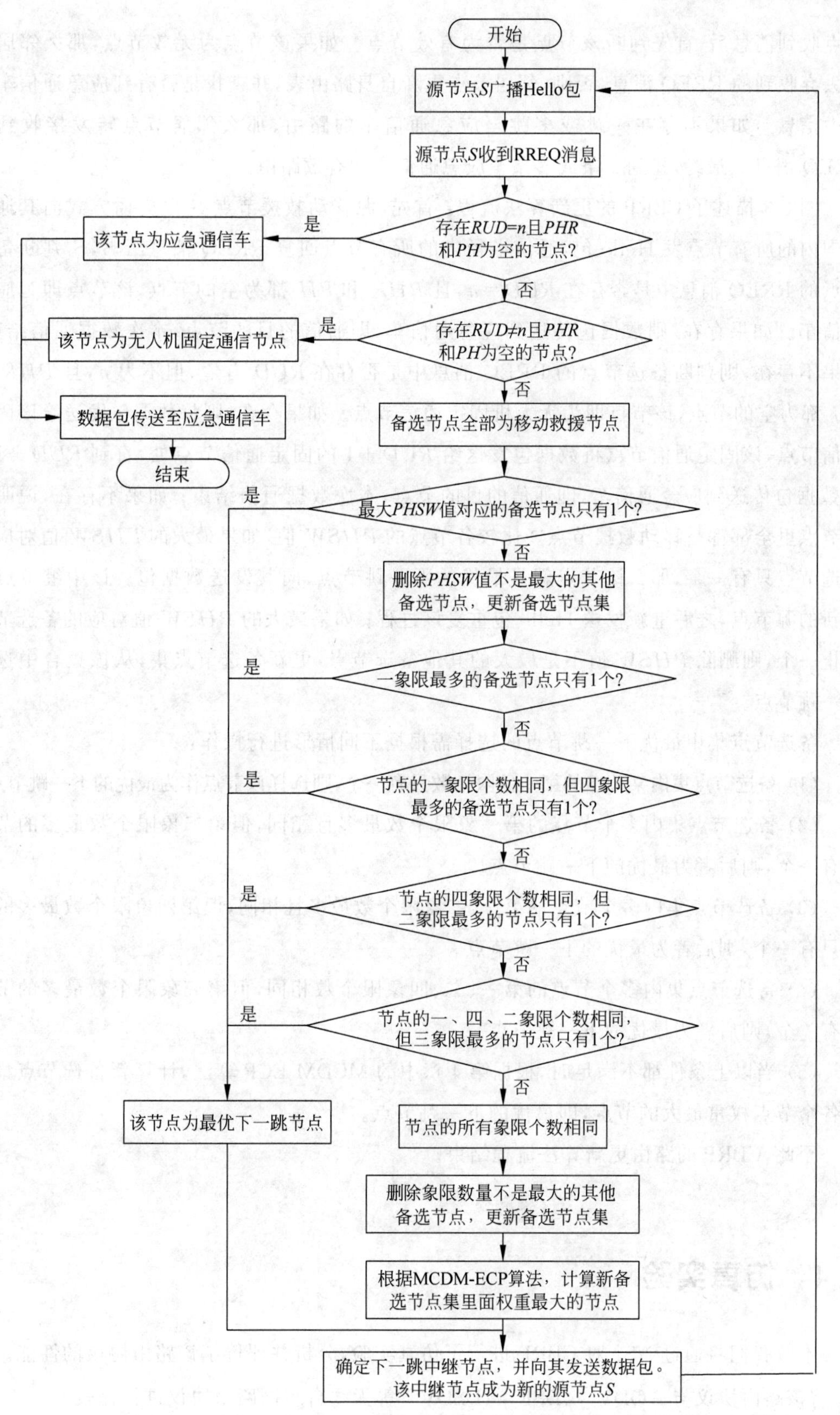

图 6-3 CBRP 更新算法流程图

节点收到消息后，首先判断该节点是否为有效节点。如果该节点为无效节点，那么邻居节点丢弃收到的 RREQ 消息，否则，邻居节点更新自身路由表，并查找是否有到应急通信车的路由信息。如果不存在一跳或多跳至应急通信车的路由，那么邻居节点转发接收到的 RREQ 消息。最终，找到一条或多条至应急通信车的有效路由。

图 6-3 描述了 CBRP 的更新算法流程：首先，源移动救援节点 S 以广播方式向其通信范围内的所有节点发 Hello 包，通信半径内的所有节点回复 RREQ 消息给 S，S 判断备选节点的 RREQ 消息中是否存在 $RUD=n$，且 PHR 和 PH 都为空的节点，该节点即为应急通信车。如果存在，则数据包传送到应急通信车，即通信的目的节点，本次数据通信结束；如果不存在，则判断备选节点的 RREQ 消息中是否存在 RUD 有值，但不为 n，且 PHR 和 PH 都为空的节点，该节点即为无人机固定通信节点。如果存在，则将数据包发送给该固定通信节点，该固定通信节点将数据包发送给 $RUD+1$ 的固定通信节点处，直到 $RUD+1=n$，数据包传送到应急通信车，即通信的目的节点，本次数据通信结束；如果不存在，说明备选节点里全部都是移动救援节点。比较各节点的 $PHSW$ 值，如果最大的 $PHSW$ 值对应的备选节点只有一个，那么该节点就是最优的下一跳节点，向其发送数据包。该中继节点成为新的源节点，之后重新发送 Hello 包重复该过程；如果最大的 $PHSW$ 值对应的备选节点不止一个，则删除 $PHSW$ 值不是最大的其他备选节点，更新备选节点集，从该集合中选择下一跳节点。

备选节点集中最优下一跳节点的选择需根据不同情形进行操作：

(1) 备选节点集内某节点的第一象限个数只有一个，则选择该节点作为最优的下一跳节点。

(2) 备选节点集内多个节点的第一象限个数最多且相同，但第二象限个数最多的节点只有一个，则后者为最优的下一跳节点。

(3) 备选节点集内多个节点的第一、二象限个数最多且相同，但第四象限个数最多的节点只有一个，则后者为最优的下一跳节点。

(4) 备选节点集内多个节点的第一、二、四象限个数相同，但第三象限个数最多的节点只有一个，则后者为最优的下一跳节点。

(5) 当以上条件都不满足时，根据第 4 章中的 MCDM-ECP 算法，计算新备选节点集里面各个节点权重最大的节点，即最优的下一跳节点。

至此，CBRP 的路由更新算法流程结束。

6.4 仿真实验

本节我们将通过 NS2 对 CBRP 进行了仿真实验，分析并评价了该路由协议的性能。同时，将该路由协议与 AODV[7]、DSR[8]、DSDV[8]等无线自组网路由协议进行比较。

6.4.1　仿真环境配置

仿真环境为10km×10km的地震受灾区域,其中震中最严重受灾区域为6km×4km。移动救援节点数为48个,无人机固定通信节点2个,应急通信车1辆。我们使用NS2仿真,详细的仿真实验参数如表6-1所示。NS2部分仿真源代码见附录11。

表6-1　仿真参数

参　数	值	参　数	值
移动救援节点数 M	48	地震灾区范围/km×km	10×10
固定通信节点数(含应急通信车)	3	a_1/km	6
仿真时间/s	600	b_1/km	4

6.4.2　仿真结果分析

本节从数据包投递率(package delivery rate,PDR)、端到端延迟(delay)和开销(overhead)3个方面对CBRP、AODV、DSDV、DSR 4种路由协议进行分析,比较4类路由协议的性能。

1. 数据包投递率

如图6-4所示,从整体趋势上来看,在数据包投递率(PDR)方面,本章提出的CBRP较其他3种经典路由协议(AODV、DSDV、DSR)有明显提高。在仿真期间,PDR的平均值从DSDV的79.23%上升至CBRP的91.24%,这证明通信效果有了显著的提高,通信链路可以在较长的时间段内保持稳定。PDR效果具有一定优越性的主要原因是本章提出的移动节点的移动模型。在该模型下的每一个应急救援区域内,救援移动节点的分布趋于均匀,使得每一个节点找到下一跳可通信的节点的概率增加,在一定程度上保证了通信链路的完整性和可靠性。在这种分布下,数据包更有可能投递成功。

在150s之前,4种通信协议的效果区别并不大。这是因为无论哪种通信协议,在仿真时间最开始的阶段,所有节点都集中在救援紧急程度最高的中心矩形区域,节点分布较为集中且相似,节点还没有按照各自的移动模型开始分散和移动,因此4种通信协议的效果区分不大。随着仿真时间的增加,每种协议下的PDR逐渐降低,这是因为当节点完成中心区域的救援工作后,所有节点将向下一个外围的矩形环进行扩散,已完成救援的中心区域不再有节点留存,较之前的节点集中分布相比,此时节点的分布更加分散,节点之间的距离增加,因此通信链路的稳定性较之前有所降低,但本章提出的CBRP可以使移动救援节点在

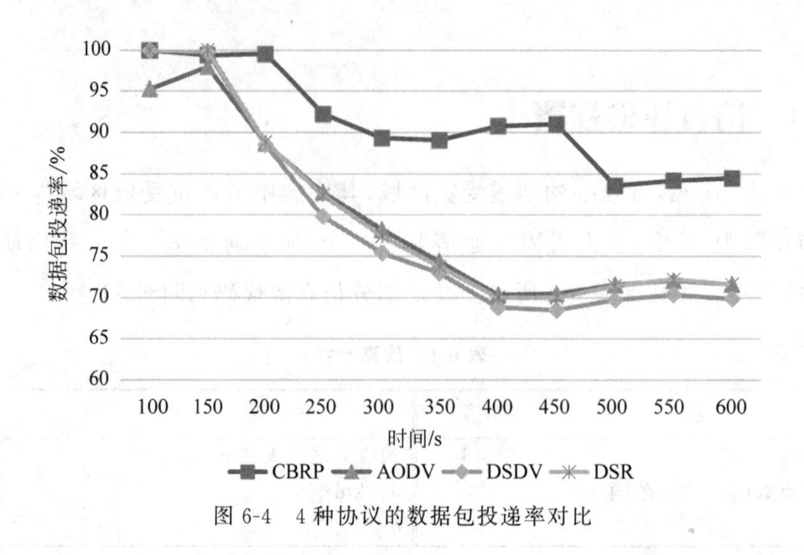

图 6-4　4 种协议的数据包投递率对比

现有分布的情况下更加均匀且更靠近应急通信车,因此 PDR 也更高。

2. 端到端延迟

如图 6-5 所示,从整体趋势上来看,在端到端延迟方面,本章提出的 CBRP 较其他经典路由协议明显降低。在仿真期间,端到端延迟的平均值从 DSR 的 1.44s 降至 CBRP 的 0.55s,这证明通信效果有了显著的提高,在源节点和目的节点位置相同的情况下,通信链路可以利用更短的时间建立完成,在地震应急救援的情景下更利于救援工作的开展。端到端延迟性能提高的主要原因是本章提出的移动节点的移动模型,在该模型下的每一个应急救援区域内,救援移动节点的分布趋于均匀,使得每一个节点找到下一跳可通信的节点的概率增加,每个中继节点的通信范围内,其备选下一跳节点存在的概率更高,因此搜索下一跳备选节点的用时更短,数据完成投递到应急通信车的时间更短。

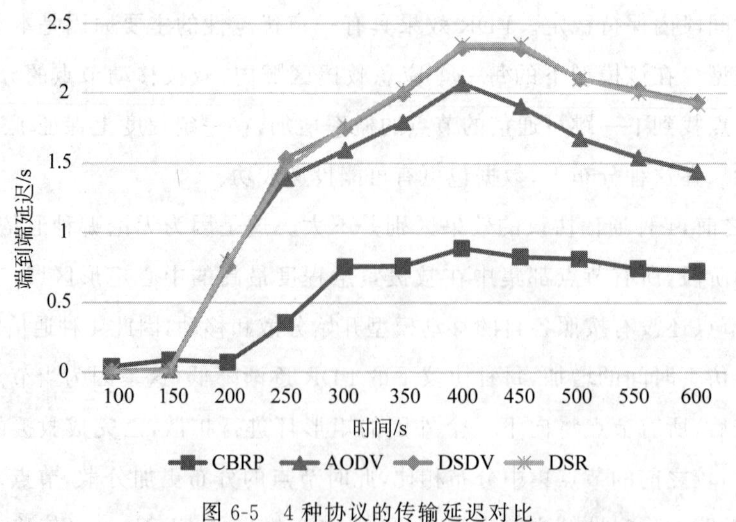

图 6-5　4 种协议的传输延迟对比

在150s之前，4种通信协议的效果区别并不大。这是因为无论哪种通信协议，在仿真时间最开始的阶段，所有节点都集中在救援紧急程度最高的中心矩形区域，节点分布较为集中且相似，节点还没有按照各自的移动模型开始分散和移动，因此4种通信协议的效果区分不大。随着仿真时间的增加，每种协议下的端到端延迟逐渐增加。这是因为当节点完成中心区域的救援工作后，所有节点将向下一个外围的矩形环进行扩散，已完成救援的中心区域不再有节点留存，较之前的节点集中分布相比，此时节点的分布更加分散，节点之间的距离增加，备选下一跳节点的个数开始降低，中继节点需要花费更长的时间寻找合适的下一跳节点，但本章提出的CBRP可以使移动救援节点在现有分布的情况下更加均匀且更靠近应急通信车，因此端到端延迟更低。

仿真时间200～300s的过程中，端到端延迟有明显的上升。这是因为此时节点完成中心区域的救援工作，开始向外围的下一个待救援区域扩散。此时节点的分布从原来的矩形集中式变为矩形环的分散式，分布有了较为明显的不同，节点的分布密度大幅度变低，因此对应端到端延时也增加幅度比较大。300s之后延时趋于稳定，这是因为当节点由二级矩形环向外扩散移动的时候，移动后节点的分布形式没有本质上的变化，对本章提出的通信机制的影响较小，因此端到端延迟趋于稳定。

3. 开销

由于CBRP将RREQ数据包格式进行了改进，增加了*RUD*、*PHR*、*PH*、*PHSW*等数据标识，因此增加了数据传输的开销。另外，由于救援节点分散以后，向目的节点发送数据的过程中，节点转发数据包的次数较多，因此也将导致数据传输开销增大。如图6-6所示，从整体趋势上来看，AODV、DSDV、DSR 3种协议的数据传输开销随着时间推移而不断增大。CBRP在100～300s期间满足同样的规律，然而在300～450s期间，开销呈下降趋势。

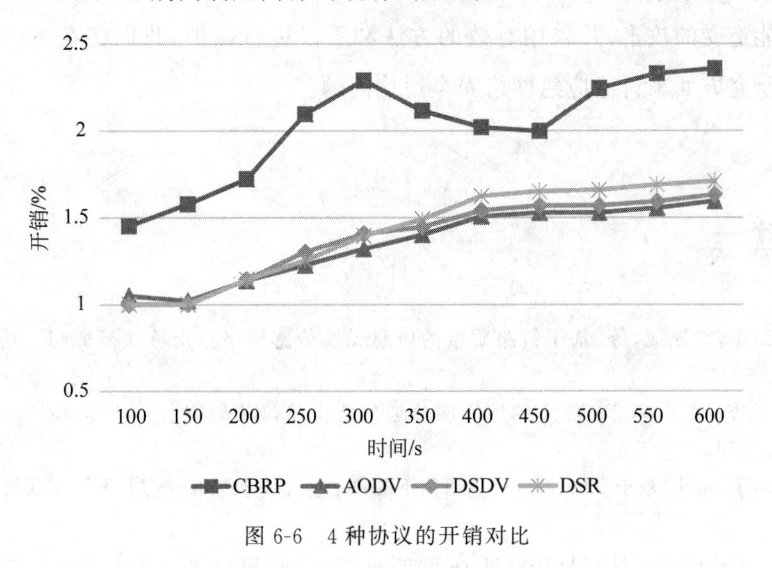

图6-6 4种协议的开销对比

这是由于在300s之前,救援节点分布相对集中,离通信目的节点相对较远,数据传输大多需要依赖固定节点进行转发,因此开销不断增大。在300～450s期间,救援节点相对分散,与通信目的节点距离相对较近,数据转发次数降低,从而减少了开销。450s以后,救援节点更加分散,节点之间的数据通信需要依赖多跳转发,使得数据传输开销不断增大。在600s的仿真实验中,CBRP的开销都能够控制在2.5%以内,尽管性能不如其他3种协议,但这对于震后应急救援是非常必要的,因为以适当增加的开销换取救援人员对生命的救助是值得的。

6.5 小结

本章以模拟地震为背景,研究了震后应急通信网络中的路由协议。首先,对震后应急通信场景进行了描述,对震后应急通信网络各个节点进行了划分,涵盖了应急通信车、无人机、救援单兵通信设备等固定节点和移动节点。将地震受灾区域按照受灾程度的不同划分为多个区域,每个区域内通信节点的通信方式进行了详细阐述。其次,提出一种新的应急通信网络路由协议CBRP,详细阐述了CBRP的建立、更新和维护过程。新路由协议充分考虑应急救援的紧迫程度,同时兼顾救援效率。最后,通过NS2仿真对CBRP协议和其他3种典型路由协议进行了比较,结果表明,尽管CBRP在开销方面略显不足,但数据包投递率和端到端延迟都优于传统的路由协议。本章尽可能充分考虑地震灾害现场的实际情况,尽管如此,应急情景下的非法入侵、网络拥塞等都将对应急通信网络造成威胁,从而影响救援效率。为保证救援人员、受灾群众等应急通信网络的不同使用者的优先级,我们需要充分考虑网络可能遭受的攻击,并采用有效的方法和手段进行保护,我们将在下一章从无人机侦听与干扰研究方面来讨论应急网络安全通信问题。

参考文献

[1] 李慕峰,田宇,徐鸿飞,等.基于链路质量的应急无线传感网络路由算法研究[J].信息网络安全,2014(5):59-62.

[2] 薛莉思,张杰,杜江.基于DTN的地震应急通信路由协议的研究[J].计算机技术与发展,2017,27(2):182-186.

[3] 余翔,涂斯宇,徐欣.基于TD-LTE应急通信下的自适应路由改进算法[J].无线互联科技,2015(21):1-4.

[4] WANG X M,LIN Y,ZHANG S,et al. A social activity and physical contact-based routing algorithm

in mobile opportunistic networks for emergency response to sudden disasters[J]. Enterprise Information Systems, 2017, 11(5): 597-626.

[5] RAMALAKSHMI R, RADHAKRISHNAN S. Weighted dominating set based routing for Ad-Hoc communications in emergency and rescue scenarios[J]. Wireless Networks, 2015, 21(2): 499-512.

[6] ARBIA D B, ALAM M M, ATTIA R, et al. A novel multi-hop body-to-body routing protocol for disaster and emergency networks[C]//2016 international conference on wireless networks and mobile communications(WINCOM). IEEE, 2016, 246-252.

[7] BONDRE V, DORLE S. Performance analysis of AOMDV and AODV routing protocol for emergency services in VANET[J]. European Journal of Advances in Engineering and Technology, 2017, 4(4): 242-248.

[8] RAMAKRISHNAN B, NISHANTH R B, JOE M M, et al. Cluster based emergency message broadcasting technique for vehicular Ad-Hoc network[J]. Wireless Networks, 2017, 23(1): 233-248.

第7章

无人机侦听与干扰技术研究

破坏性地震灾害发生后，灾区现场可能造成交通中断，并且有余震的危险，而无人机具备机动性强、体积小、安全系数高等优点，能够用于灾后的应急救援。目前无人机主要应用于现场灾情采集和应急通信中继两个方面。破坏性地震发生后，灾区应急通信网络成为灾区内外沟通的唯一渠道，其网络性能将对灾区的人员疏散、应急救援起到关键作用。灾后第一时间，由于灾区内外大量的通信需求，势必导致应急通信网络的拥塞，我们在表 1-2 中已经得到验证。在这种情况下，如果有通信节点无意或恶意占用应急通信网络带宽资源，将会导致网络拥塞的加剧甚至瘫痪，从而影响灾区群众的生命安全。作为应急通信网络中机动性较强的通信节点，无人机同样易受到其他非法通信的干扰。为了保障震后应急网络的通信安全，本章以震后应急通信场景为背景，研究合法无人机对非法无人机的主动式侦听和干扰，提出一种多径衰减信道中低功耗无人机侦听及干扰算法，目的是在各类常见衰减信道中，合法无人机能够以低功耗的代价，最大程度获取侦听数据包数量。首先，本章分析了关于无人机应急通信安全的国内外研究现状，其次，介绍了无人机在应急通信网络中的中继作用，第三，针对应急通信网络安全问题，建立 4 种合法无人机侦听的模型，提出一种多径衰减信道中低功耗无人机侦听及干扰算法，并对算法的可行性解和时间复杂度进行了分析，然后，通过仿真实验来验证侦听及干扰选择算法的性能，最后对本章内容进行了总结。

7.1 引言

无人机由于成本相对较低、机动性较强，其在应急救援、国土安全等无线通信领域中得到了广泛的应用，吸引着学术界、工业界、政府机构等研究人员对无人机通信进行相关研究。无人机在震后应急通信中主要有两个方面的应用：无人机中继和干扰抑制。另外，无人机在灾区的信息采集方面也有广泛应用，但不属于应急通信范畴，因此本章不做详细介绍。

无人机中继方面，Azaliya D. Ibrah 等[1]研究了应急通信网络中无人机作为中继节点的部署方式，提出了一种基于联通概率的高空无人机中继覆盖模型，并从场景需求出发，设计了一种基于该模型的无人机中继网络部署算法。仿真结果表明，该算法具有较强的有效性和稳定性，更适合于无人机中继网络在应急通信环境下的部署。Zhao Nan 等[2]建立了无人机灾情应急通信网络的统一框架，通过调度优化无人机的飞行轨迹，为地面设备提供无线中继服务。此外，还增加了多跳无人机中继，通过优化无人机悬停位置，实现灾区与外界的信息交换。Cheng Xiaowei 等[3]为提高电力系统应急通信网络的视频传输质量，提出了一种无人机集群内部通信和数据反馈方法。Fang Zhaoxi 等[4]设计并实现了由一个基站、一个中继站和多个节点组成的用于应急通信的无人机中继辅助无线通信系统；同时针对直接传输节点和中继传输节点，提出了一种混合的时分多址（TDMA）协议，与基站进行信息交换。现场测试结果表明，无人机中继传输的数据包误码率比直接传输有明显降低。

干扰抑制方面，文献[5]采用博弈论的方法来抵御一个来自无人机的智能攻击。传统的无人机网络安全研究一般认为无人机通信是授权和合法的，因此研究人员致力于防止现有的无人机通信受到干扰、窃听等恶意攻击。在众多防范措施中，物理层安全防范[6]被认为是一种很有前途的防止非法人员窃听通信机密性的有效方法，在无线传感器网络和自组网等动态网络配置中，该方法在密钥交换和分发方面面临不同的挑战。R. Negi 等[7]提出了一种利用多天线产生人工噪声，从而降低非法侦听信道质量的通信方案。M. Bloch 等[8]提出了一种低密度奇偶校验协议，使通信速率接近无线通信的基本安全极限。该协议采用了四步程序，以确保无线通信安全：基于机会传输的通用随机性、消息协调、基于隐私放大的公共密钥生成、基于私密密钥的消息保护。Zou Y 等[9]分析了无线通信安全面临的威胁，阐述了应对无线通信安全的种种有效机制。

然而，上述研究都是以最大程度降低非法侦听信道质量为目的，使得非法侦听信号得到抑制。这种模式随着无人机技术的发展而发生改变。恐怖分子或罪犯可以使用无人机建立无线通信，以实施犯罪和恐怖袭击[10,11]。例如，无人机通信网络中的侦听者可以窃听到安全消息，从而通过在不断变化的信道环境的基础上传播伪造的信道状态信息来提高通信网络的容量[12,13]。更严重的是，犯罪分子可以利用无人机通信网络进行轰炸活动，商业间谍可以利用它们窃取商业秘密。因此，对可疑无人机通信链路进行监控，对其传输数据进行合法侦听，成为保障无人机通信安全的重要手段。J. Xu 等[14]提出一种新的主动式侦听模式，并给出提高侦听链路质量的算法，从而提高侦听效率。该研究以提高侦听链路数据包传输率为目标，忽略了无人机位置的不确定性以及对通信链路造成的影响。

在传统的无人机监控任务中，负责侦听和干扰的无人机通常处于相对静止的状态。本章考虑了无人机的移动特性，以及干扰方式的选择对无人机功耗的影响，提出了一种新的基于主动式干扰的无人机低功耗侦听算法。该算法基于无人机的功耗，可以根据无人机所处的不同位置提供最优的侦听和干扰选择策略。如图 7-1 所示，合法无人机通过现有的无人机通信网络共享信息，由于无人机的轨迹不可预测，无人机通信网络拓扑结构会时常发生改变。这种新的无基础设施移动通信网络可以很容易地被非法无人机（图 7-1 中的非法无人机）的操纵者，如犯罪分子、恐怖分子、商业间谍等，用于犯罪、恐怖袭击、入侵其他公司的私有数据库等，从而挑战公共安全底线[5]。因此，政府机构越来越需要合法侦听及窃取可疑无人机的无线通信数据[12]。

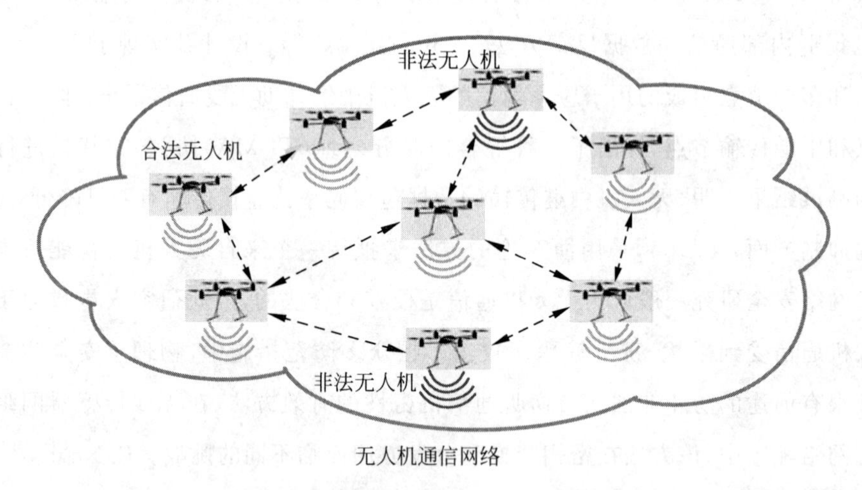

图 7-1 一种无人机非法窃听场景，非法无人机通过无人机网络窃听合法无人机通信

本章主要对无人机干扰抑制方面的工作进行研究，对无人机中继仅作简单介绍。本章的主要内容可以概括如下：

(1) 关于无人机通信安全，传统研究重点是，在地面存在窃听、干扰设备的情况下，实现空-地（UAV to ground，U2G）的安全通信。我们在本章中考虑了空-空（UAV to UAV，U2U）通信，建立了合法无人机与可疑无人机之间的移动模型，充分考虑了无人机在各个时隙序列中的移动性。

(2) 传统的研究通常只考虑一种情况下的侦听和干扰，而在本章中，我们研究了 4 种情况下，在多径衰减模型下的无人机的侦听和干扰，同时提出了一个多项式可解的优化问题，找出最有效的干扰功率时隙分配，最大限度地提高合法无人机的数据侦听率。

(3) 传统的研究重点是分别降低功耗或者提高数据接收率，而在本章中，我们提出了一种选择策略，用于无人机在飞行中同时进行侦听和干扰，并利用线性规划法推导出最佳干扰功率。该选择策略根据无人机最大功率约束和无人机的位置，在衰减信道上分配干扰功率。

7.2　无人机中继

特殊场景下的通信一直是应急通信需要解决的难题之一，例如地震灾区、高山或建筑阻挡的区域，传统视距(line of sight，LoS)通信方式很难实现稳定数据传输，空中中继传输是有效解决这一问题的手段。目前，国内外常用的用于解决特殊地形、场景中的应急通信手段就是中继平台，轻量级、便捷、快速部署的无人机在中继平台中发挥着重要作用。图 7-2 展示了震后应急通信中无人机中继平台的应用。

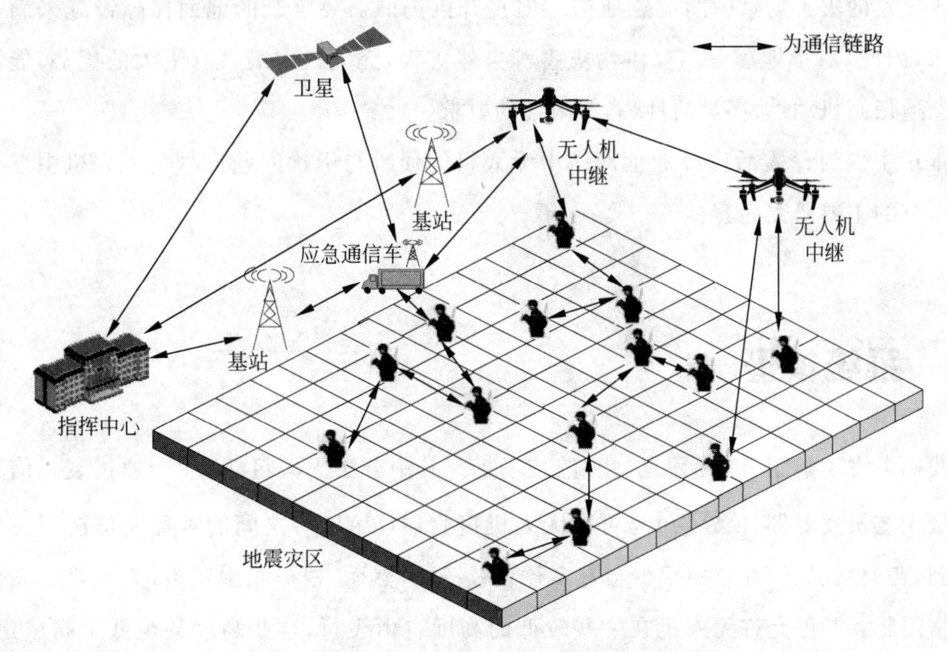

图 7-2　震后应急通信中无人机中继示例图

在图 7-2 所示的震后应急通信场景中，两架无人机作为中继节点，能够分别与通信覆盖范围内的应急通信车、无人机、移动救援单兵设备进行通信。由于单兵节点通信覆盖范围较小，作为中继节点的无人机，能够为单兵节点覆盖范围外的救援人员提供通信中继，保障应急救援数据的传输；另外，无人机还能与覆盖范围内的应急通信车进行通信，将救援人员的搜救信息转发至应急通信车；同时，无人机能够与地震灾区外的基站进行通信，将救援人员的搜救信息直接转发至基站，最终建立与后方指挥中心的联系。

常用的中继平台主要有微小型无人机、直升机、飞艇和系留气球等[13]，4 类中继平台性能比较见表 7-1[15]。

表 7-1 常用的中继平台性能比较

中继平台	升空高度	滞空区域	滞空时间	有效载荷	空中稳定性	机动性能	地面保障设施
微小型无人机	低	小	短	小	一般	很好	简单
直升机	高	大	短	大	较好	好	复杂
飞艇	较高	一般	长	很大	好	差	复杂
系留气球	较低	很小	很长	大	一般	差	复杂

比较上述 4 类中继平台，尽管系留气球、飞艇的滞空时间相对较长，但其机动性能很差，无法满足突发性灾害下的应急通信需求，并且地面保障设施较为复杂，容易受灾害影响。微小型无人机和直升机滞空时间较短，但具有较好的空中稳定性，并且机动性能很好，能够应用于突发的灾害场景中的应急通信。但直升机仍旧需要复杂的地面保障设施来满足飞行要求，因此，对于地震、火灾、洪涝灾害等自然灾害，无人机中继具有更大的优势，能够满足应急通信高机动性、高灵活性、高时限性的要求。

本章主要讨论震后应急通信网络中无人机的侦听与干扰问题，因此，无人机中继不再作为本章的主要研究内容。

7.3 系统模型

我们考虑了如图 7-3 所示的 4 种监控场景。其中合法无人机(UAV_L)通过衰减信道侦听可疑无人机发射器(UAV_{ST})与可疑无人机接收器(UAV_{SR})之间的可疑通信链路。我们注意到，普通情况下，在空中很少会有多径衰减链路，然而，根据我国政策，无人机的飞行受到严格限制。一般允许无人机在一些较低的高度自由飞行，这些高度甚至低于高层建筑，而且极端的天气条件也可能影响无人机通信链路的状态，因此在实际情况下，仍存在无人机多径衰减链路通信的场景。另外，无人机发射器和无人机接收器是相对的，因为通信链路是双向的，所以能够使用一对发射器和接收器在两个方向上同时进行信号传输。在这种场景下，我们假设授权机构在初始时已经检测到一对可疑无人机(UAV_{ST} 和 UAV_{SR})，它们被合法无人机(UAV_L)侦听。可疑无人机的检测等相关技术请参考文献[13]，本章不再赘述。

我们参考文献[11]中提出的无人机主动式侦听模型。在该模型下，合法无人机主动产生干扰信号，通过全双工方式干扰可疑通信链路，降低可疑无人机通信信道质量，改变可疑无人机数据收发率，从而更有效地进行侦听。

在本章研究中，我们假设可疑无人机没有采用先进的反窃听设备或方案。基于这样的

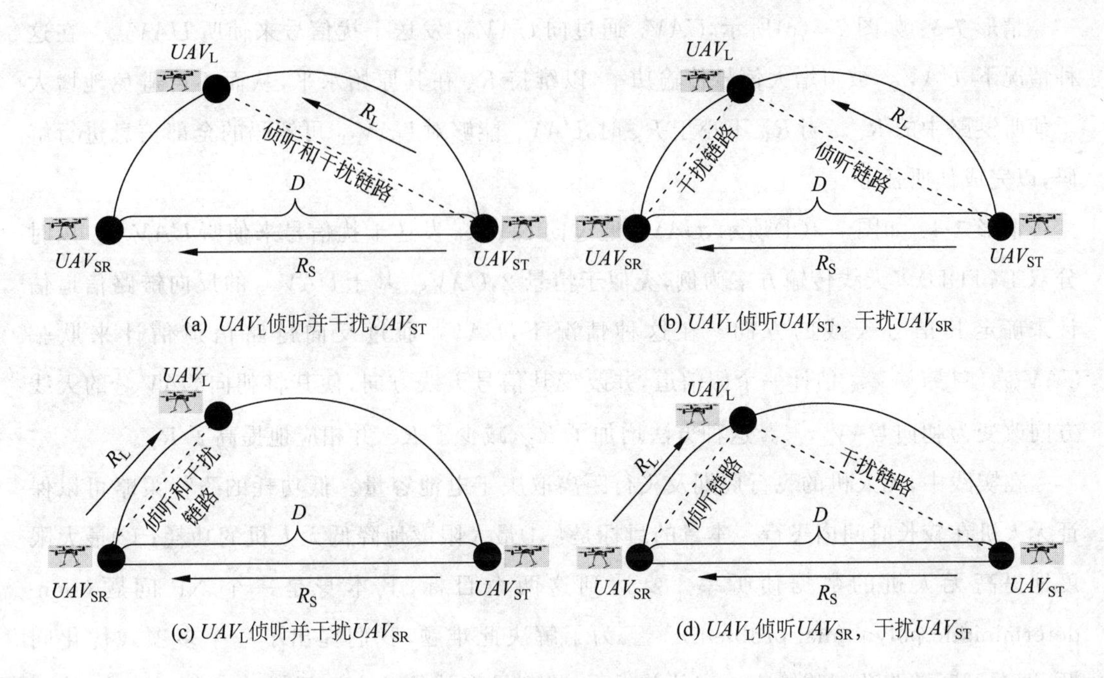

图 7-3 利用干扰进行侦听

假设,只有当链路中在 UAV_L 处接收到的信噪比(signal noise ratio,SNR)(以及相应的数据获取率)不小于 UAV_{SR} 处的信噪比时,UAV_L 才能成功地从可疑的无人机中窃听信息,因为在这种情况下,UAV_L 可以解码原本在 UAV_{SR} 处可解码的数据[13]。我们用 R_L 表示从 UAV_{ST} 到 UAV_L 的合法侦听链路的数据接收速率,用 R_S 表示从 UAV_{ST} 到 UAV_{SR} 的可疑链路的通信速率。当且仅当 R_L 不小于 R_S 时,UAV_L 才能正确地对侦听到的信号进行正确解码(或者在误差允许范围内解码)。我们将侦听率 R_E 定义为 UAV_L 能够成功解码的可疑数据传输速率,当 $R_L \geqslant R_S$ 时,$R_E = R_S$,当 $R_L < R_S$ 时,$R_E = 0$。假设 UAV_{ST} 和 UAV_{SR} 在无碰撞轨迹上飞行,它们之间保持预设的距离和角度。UAV_L 成功侦听可疑通信链路的情形有 4 种:

情形 7-1:如图 7-3(a)所示,UAV_L 通过向 UAV_{ST} 发送干扰信号来侦听 UAV_{ST} 发送的可疑数据包。在这种情况下,UAV_{ST} 通过增大自身发送功率,以维持 R_S 在其原始水平,从而不可避免地增加了侦听链路中的 R_L。当 R_L 不小于 R_S 时,UAV_L 能够对 UAV_{SR} 处可解码的全部信息进行解码,以完成侦听任务。

情形 7-2:如图 7-3(b)所示,UAV_L 通过向 UAV_{SR} 发送干扰信号来侦听 UAV_{ST}。以时分双工(time division duplexing,TDD)多天线传输方式为例,UAV_{ST} 基于 UAV_{SR} 的反向链路信道估计来确定其信号天线的方向。在这种情况下,UAV_L 通过反向链路信道估计来欺骗 UAV_{ST},使得 UAV_{ST} 估计一个假信道,并改变其信号天线方向,使其将朝向 UAV_{SR} 的天线方向改变为朝向 UAV_L[16]。这种方法增加了 R_L,减少了 R_S,并相应地提高了 R_E。

情形 7-3：如图 7-3(c)所示，UAV_L 通过向 UAV_{SR} 发送干扰信号来侦听 UAV_{SR}。在这种情况下，UAV_{SR} 被迫增大信号传输功率，以维持 R_S 在其原始水平，从而不可避免地增大了侦听链路中的 R_L。当 R_L 不小于 R_S 时，UAV_L 能够对 UAV_{SR} 可解码的全部信息进行解码，以完成侦听任务。

情形 7-4：如图 7-3(d)所示，UAV_L 通过向 UAV_{ST} 发送干扰信号来侦听 UAV_{SR}。以时分双工(TDD)多天线传输方案为例，类似于情景 2，UAV_{SR} 基于 UAV_{ST} 的反向链路信道估计来确定其信号天线的方向。在这种情况下，UAV_L 通过反向链路信道估计来欺骗 UAV_{SR}，使得 UAV_{SR} 估计一个假信道，并改变其信号天线方向，使其将朝向 UAV_{ST} 的天线方向改变为朝向 UAV_L[17]。这种方法增加了 R_L，减少了 R_S，并相应地提高了 R_E。

在实践中，无人机的飞行周期及飞行距离取决于电池容量。低功耗的飞行策略可以保证无人机在较长时间内飞行。本章的目标是：①最大限度地降低无人机的功耗；②最大限度地提高无人机的数据侦听率。要达到这两个目标，其本身是一个 NP 问题(non-deterministic polynomial problem)[18]。为了解决此难题，我们提出了一个多项式优化问题，即在可疑链路数据传输率一定的前提下，找到最有效的无人机干扰功率分配策略，从而优化数据侦听率，这是一个多项式可解的问题。此外，我们还提出了一种选择策略，用于无人机在飞行中同时进行侦听和干扰，并利用线性规划法推导出最佳干扰功率。该选择策略根据无人机最大功率约束和无人机的位置，在衰减信道上分配干扰功率。最后，我们将该策略应用于 Rayleigh、Ricean、Weibull 和 Nakagami 4 种常见的衰减信道模型，研究分析了不同衰减信道对策略性能的影响。

本章假设合法无人机与两个可疑无人机之间相对飞行轨迹的拓扑结构是一个直径为 D 的半圆，在该前提下，提出一种使合法无人机获得最佳监控性能的侦听和干扰选择策略。我们通过仿真实验分析认为，无人机之间的距离是解决这一问题的关键，因此，与无人机移动模型中的轨迹设计相比，考虑无人机之间的距离更有实际意义。事实上，飞行轨迹的变化导致合法无人机和可疑无人机之间的距离发生变化，因此我们可以将本章结果应用于各种无人机飞行轨迹。

7.4 算法设计

7.4.1 假设

我们认为可疑无人机发射器(UAV_{ST})和接收器(UAV_{SR})之间的距离为 D。考虑到两个无人机的移动性,可以在随后的任何时隙内计算两者之间的距离。不失一般性,我们考虑合法无人机(UAV_L)相对于可疑无人机,其在直径为 D 的预设半圆轨迹上进行合法侦听,特别地,无人机之间的无线通信链路状态在该轨迹上受无人机之间距离的影响是相同的。因此,我们将合法无人机的飞行轨迹视为一个半圆形,但其与可疑无人机之间的距离随着时间推移而动态变化。

UAV_{ST} 和 UAV_{SR} 之间的可疑链路通信由 m 个时隙组成,每个时隙表示为 x。我们假设 UAV_{ST} 以 TDMA 方式与 UAV_{SR} 通信,尽管如此,我们的方法是广义且通用的,并且不知道可疑无人机使用的 MAC(multiple access control)协议。在我们设计的模型中,假设可疑无人机将合法无人机的侦听信号视为无线通信过程中的干扰信号。

事实上,我们在本节提出的算法具有普适性,可以应用于其他形式的飞行轨迹,因为我们考虑了不同的衰减信道,其路径损失受两个可疑无人机之间距离的影响,无须考虑无人机的飞行轨迹。表 7-2 列出了系统模型中使用的基本变量。

表 7-2　参数描述

参　数	描　述
$P_L(x)$	在时隙 x,合法侦听与合法干扰的总能耗($P_E(x)+P_J(x)$)
$P_E(x)$	在时隙 x,合法侦听的能耗
$P_J(x)$	在时隙 x,合法干扰的能耗
$R(x)$	UAV_L 侦听到的可疑数据包的接收率
$\gamma_E(x)$	侦听链路在时隙 x 的 SNR
$\gamma_S(x)$	可疑链路在时隙 x 的 SNR
K_1, K_2	两个与信道相关的常量
N_0	高斯白噪声功率
$d_1(x)$	在时隙 x,UAV_L 和 UAV_{ST} 的距离
$d_2(x)$	在时隙 x,UAV_L 和 UAV_{SR} 的距离
P_L^{max}	UAV_L 的最大功耗
P_L^{total}	UAV_L 的干扰总能耗
n	高斯随机数
α_1, α_2	无线信道的路径损耗指数
λ	用于调整自相关分量和独立分量权重的系数
δ	SINR/SNR 阈值
$\rho(x)$	时隙 x 处的自适应调制和编码(AMC)速率
ε	所需的瞬时误码率

7.4.2　无人机距离计算

UAV_L 与 UAV_{ST} 之间的距离以及 UAV_L 与 UAV_{SR} 之间的距离影响侦听和干扰的性

能。因此，我们将在本节中讨论可疑无人机的距离模型，该模型与合法无人机位置和可疑无人机的移动性有关。

如图 7-4 所示，在时隙 x 处，UAV_L 和 UAV_{ST} 之间的距离表示为 $d_1(x)$，可以描述为

$$d_1(x)=\sqrt{\left(\frac{D}{2}-\frac{D}{2}\cos\theta(x)\right)^2+\left(\frac{D}{2}\sin\theta(x)\right)^2}=\frac{\sqrt{2}D}{2}\sqrt{1-\cos\theta(x)} \tag{7-1}$$

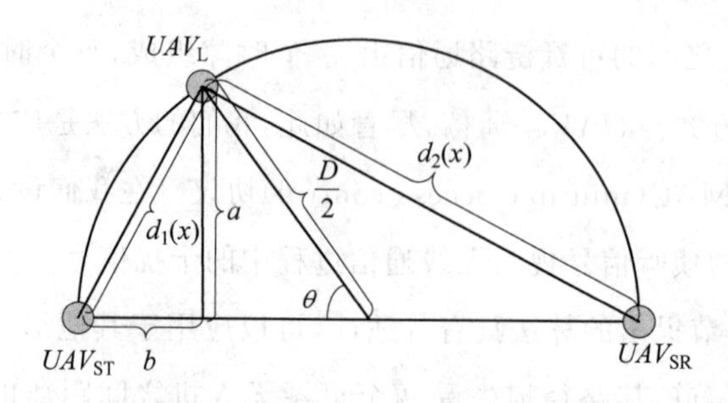

图 7-4 当 $\theta<\pi/2$ 时，距离 $d_1(x)$ 和 $d_2(x)$ 的描述

此外，UAV_L 和 UAV_{SR} 之间的距离 $d_2(x)=\sqrt{D^2-d_1^2(x)}$。需要注意的是，$d_1(x)$ 和 $d_2(x)$ 也可以通过其他方式估算，例如测量接收信号强度，或者 UAV_{ST}、UAV_{SR} 的所接收信号的到达角度等。

角度变化 $\theta(x)$ 取决于无人机的实时位置。然而，在图 7-5 所示的场景下，$d_1(x)$ 的结果与图 7-4 所示的场景相同，因为在 $\theta<\pi/2$ 的条件下，表达式 a 和 b 可以进行如下转换：

$$a=\frac{D}{2}\sin(\pi-\theta(x))=\frac{D}{2}\sin\theta(x),\quad b=\frac{D}{2}+\frac{D}{2}\cos(\pi-\theta(x))=\frac{D}{2}-\frac{D}{2}\cos\theta(x) \tag{7-2}$$

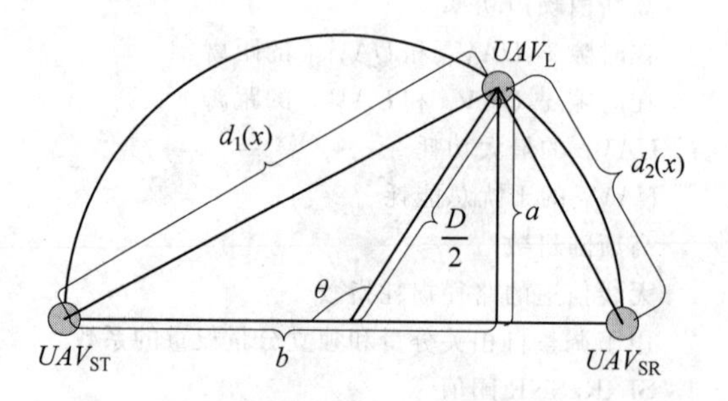

图 7-5 当 $\theta>\pi/2$ 时，距离 $d_1(x)$ 和 $d_2(x)$ 的描述

这是一个二维模型，考虑了各个时隙序列中可疑无人机的移动性，如图 7-6 所示。随着时隙不断变化，无人机之间的距离相应动态改变：

$$D(x)=D(x-1)+\varphi\Delta v \tag{7-3}$$

其中，φ 是每个时隙的持续时间；Δv 表示 UAV_{ST} 和 UAV_{SR} 的相对速度。我们本章不讨论用于提高通信安全性的三维自由度，但这将是我们今后的工作。

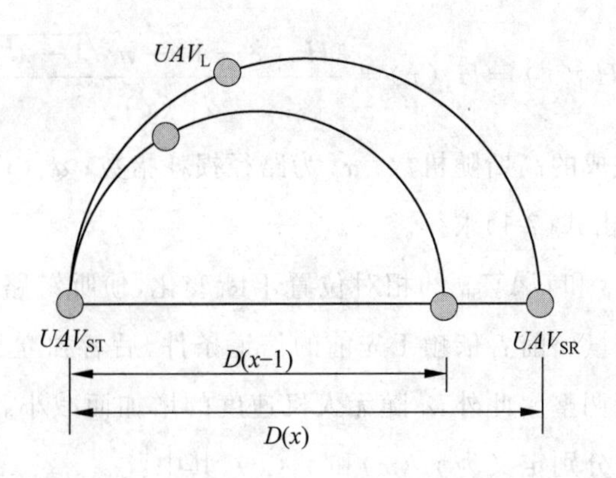

图 7-6　UAV_L，UAV_{ST} 和 UAV_{SR} 的相对位置变化

7.4.3　侦听和干扰

由于无人机的功率受到约束限制，对可疑无人机的侦听和干扰选择是算法需要考虑的一个重要因素。UAV_L 的最佳侦听和干扰选择取决于其在时隙 x 所处的位置。有以下 4 种情形：

情形 7-1：UAV_L 侦听并干扰 UAV_{ST}。

如图 7-3(a)所示，UAV_L 选择 UAV_{ST} 进行侦听和干扰。根据文献[19,20]，在第 x 个时隙，从 UAV_{ST} 到 UAV_{SR} 的信道增益表示为

$$H_S(x)=\frac{\lambda H_S(x-1)+n\sqrt{1-\lambda^2}}{D^{\alpha_2}} \tag{7-4}$$

其中，α_2 表示可疑链路的路径损耗指数；λ 用于调整如下两个变量的权重：自变量权重和独立变量权重；n 是加性高斯白噪声(additive white gaussian noise，AWGN)产生的高斯随机数。对于可疑通信链路，我们将时隙 x 处 UAV_{ST} 的信噪比(SNR)定义为 $\gamma_S(x)$，其计算公式为

$$\gamma_S(x)=\sqrt{\frac{H_S(x)\cdot K_2^{-1}\ln\frac{K_1}{\varepsilon}\cdot(2^{\rho(x)}-1)}{N_0+P_L(x)}} \tag{7-5}$$

其中，$\rho(x)$表示时隙 x 处 UAV_{ST} 的自适应调制和编码(adaptive modulation and coding，AMC)速率；最高模式用 ρ_m 表示；K_1 和 K_2 分别是与信道相关的两个常数；N_0 表示高斯白噪声的功率；ε 为瞬时误码率。如假设部分所述，可疑无人机将合法无人机的侦听信号视为无线通信中的干扰信号，因此，时隙 x 处的对可疑链路的信号干扰包括来自合法无人机的侦听和干扰两部分功率。我们将时隙 x 处的干扰总功率表示为 $P_E(x)+P_J(x)$。同样地，在时隙 x 处，侦听和干扰链路中的信道增益可以表示为

$$H_E(x)=H_J(x)=\frac{\lambda H_E(x-1)+n\sqrt{1-\lambda^2}}{d_1^{\alpha_1}(x)} \tag{7-6}$$

其中，n 是由 AWGN 生成的高斯随机数；α_1 为路径损耗指数；$d_1(x)$为时隙 x 处 UAV_L 与 UAV_{ST} 之间的距离，可由式(7-1)求得。

随着 UAV_L、UAV_{ST} 和 UAV_{SR} 的相对位置不断变化，侦听链路中有两个变量，分别称为自相关变量和独立变量。前者依赖于先前的信道条件，后者独立于先前的信道。两变量的权重通过系数 λ 进行调整。此外，λ 随无人机速度的增加而减小。我们将时隙 x 处的侦听和干扰链路的信噪比分别定义为 $\gamma_E(x)$和 $\gamma_J(x)$，其中：

$$\gamma_E(x)=\gamma_J(x)=\sqrt{\frac{H_E(x)\cdot K_2^{-1}\ln\frac{K_1}{\varepsilon}\cdot(2^{\rho(x)}-1)}{N_0}} \tag{7-7}$$

根据文献[21]提出的回归模型，UAV_L 侦听到的可疑数据包的接收率 $R(x)$表示为

$$R(x)=\left(1-\frac{1}{2}\mathrm{e}^{-\beta_0\gamma_E(x)+\beta_1}\right)^{8(2f-l)} \tag{7-8}$$

其中，β_0 和 β_1 分别为回归模型中的两个常数；β_0 控制回归曲线的形状；β_1 表示曲线的水平移动；f 和 l 分别表示数据包的帧大小和前导码大小。

情形 7-2：UAV_L通过干扰 UAV_{SR} 来侦听 UAV_{ST}。

如图 7-3(b)所示，UAV_L 选择 UAV_{ST} 进行侦听，对 UAV_{SR} 进行干扰。在这种情况下，侦听链路中的信道增益与式(7-6)中的信道增益相同，由于无人机的干扰目标选择，干扰链路中的信道增益变为

$$H_J(x)=\frac{\lambda H_J(x-1)+n\sqrt{1-\lambda^2}}{d_2^{\alpha_1}(x)} \tag{7-9}$$

其中，$d_2(x)=\sqrt{D^2(x)-d_1^2(x)}$，据此，干扰链路中的信噪比(SNR)表示为

$$\gamma_J(x)=\sqrt{\frac{H_J(x)\cdot K_2^{-1}\ln\frac{K_1}{\varepsilon}\cdot(2^{\rho(x)}-1)}{N_0}} \tag{7-10}$$

情形 7-3：UAV_L 侦听并干扰 UAV_{SR}。

如图 7-3(c)所示，UAV_L 选择 UAV_{SR} 进行侦听和干扰。侦听和干扰链路的信道增益表示为

$$H_E(x)=H_J(x)=\frac{\lambda H_E(x-1)+n\sqrt{1-\lambda^2}}{d_2^{\alpha_1}(x)} \tag{7-11}$$

其中，$d_2(x)=\sqrt{D^2(x)-d_1^2(x)}$。因此，干扰链路中的信噪比(SNR)与式(7-7)相同。

情形 7-4：UAV_L通过干扰 UAV_{ST} 来侦听并干扰 UAV_{SR}。

如图 7-3(d)所示,UAV_L 对 UAV_{ST} 进行干扰,选择 UAV_{SR} 进行侦听。在这种情况下,侦听链路中的信道增益与式(7-11)相同,干扰链路中的信道增益与式(7-6)相同。

7.4.4 模型建立

不失一般性,我们以图 7-3(b)中所示的实例为例,进行建模。在图 7-3(b)中,UAV_L 的目标是通过干扰 UAV_{SR} 来从 UAV_{ST} 侦听数据包。需要指出的是,我们的算法在其他三种实例下都适用,因为根据式(7-11),侦听链路的信道增益与 $D(x)$ 相关,$D(x)$ 是唯一影响被侦听数据包的参数。基于之前在系统模型中定义的符号标记,我们提出了通过优化干扰功率来使侦听到的数据包最大化的优化问题。假设每个可疑的数据包都有 b 个字节,那么在 m 个时隙中,UAV_L 成功侦到听的数据大小为 $\sum_{x=1}^{m} b \cdot R(x)$ 字节。为了防止可疑无人机检测到合法的干扰和侦听,我们必须将可疑链路的信噪比保持在一定的阈值 δ,即 $\gamma_S(x)=\delta$。具体而言,UAV_{ST} 使用 $2^{\rho(x)}$ 正交振幅调制(quadrature amplitude modulation,QAM)的方式向 UAV_{SR} 发送信号,其中,$\rho(x)=\{1,2,\cdots,\rho_{\max}\}$。$\rho_{\max}$ 表示可用于速率适应的调制电平数。约束 $0 \leqslant \sum_{x=1}^{m} P_L(x) \leqslant P_L^{\text{total}}$ 表示在侦听期间,UAV_L 消耗的总功率(侦听和干扰功率)必须小于 UAV_L 的实际总功率 P_L^{total}。约束 $P_L(x) \leqslant P_L^{\max}$($\forall x, x=1,2,\cdots,m$)表示在每个侦听周期内,$UAV_L$ 消耗的功率不超过 $P_L^{\max}$。因此,我们对模型描述如下:

$$\max_{P_L(x),\rho(x)} \sum_{x=1}^{m} b \cdot R(x) \tag{7-12}$$

并服从以下条件:

$$\gamma_S(x)=\delta \tag{7-13}$$

$$0 \leqslant \sum_{x=1}^{m} P_L(x) \leqslant P_L^{\text{total}} \tag{7-14}$$

$$P_L(x) \leqslant P_L^{\max}, \quad \forall x, x=1,2,\cdots,m \tag{7-15}$$

$$1 \leqslant \rho(x) \leqslant \rho_{\max} \tag{7-16}$$

对于式(7-13),我们将其变换为

$$\rho(x)=\log_2\left(\frac{\delta^2(N_0+P_L(x))}{H_S(x)\cdot K_2^{-1}\ln\dfrac{K_1}{\varepsilon}}+1\right) \tag{7-17}$$

该式表明,UAV_{ST} 根据 UAV_L 对其侦听消耗的功率 $P_L(x)$,对调制电平进行了修正适应,具体而言,由于 $P_L(x)$ 不断增加,UAV_{ST} 被动增大 $\rho(x)$,用于保证可疑链路的 SNR 在时隙 x 保持为 δ 不变。此外,考虑式(7-5)和式(7-13),UAV_L 的合法侦听功率 $P_L(x)$ 的上界和下界可由式(7-18)确定：

$$P_L(x)=\begin{cases}\dfrac{H_S(x)\cdot K_2^{-1}\ln\dfrac{K_1}{\varepsilon}}{\delta^2}-N_0, & \text{如果 } \rho(x)=1\\ \dfrac{(2^{\rho_{\max}}-1)H_S(x)\cdot K_2^{-1}\ln\dfrac{K_1}{\varepsilon}}{\delta^2}-N_0, & \text{如果 } \rho(x)=\rho_{\max}\end{cases}\tag{7-18}$$

我们将式(7-6)～式(7-10)代入式(7-13)～式(7-16)，得到对本节模型的新的描述方式。侦听及干扰优化模型：

$$\max_{P_L(x)} b\cdot\sum_{x=1}^{m}\left(1-\frac{1}{2}e^{\beta_1-\beta_0\delta\sqrt{\frac{H_E(x)+H_J(x)}{H_S(x)}\left(1+\frac{P_L(x)}{N_0}\right)}}\right)^{8(2f-l)}\tag{7-19}$$

并服从以下条件：

$$0\leqslant\sum_{x=1}^{m}P_L(x)\leqslant P_L^{\text{total}}\tag{7-20}$$

$$P_L(x)\leqslant P_L^{\max},\quad\forall x,x=1,2,\cdots,m\tag{7-21}$$

$$P_L(x)\geqslant\frac{H_S(x)\cdot K_2^{-1}\ln\dfrac{K_1}{\varepsilon}}{\delta^2}-N_0\tag{7-22}$$

$$P_L(x)\leqslant\frac{(2^{\rho_{\max}}-1)H_S(x)\cdot K_2^{-1}\ln\dfrac{K_1}{\varepsilon}}{\delta^2}-N_0\tag{7-23}$$

7.4.5 模型分析

本节讨论所提出的侦听及干扰优化模型是否有最优解。根据文献[22]，具有最优解的问题应满足3个条件：①在优化模型中，变量是基于约束条件的有效集合；②优化模型的目标是连续函数；③优化模型的目标是凸函数。我们将在本节中验证这3个条件。

首先，讨论在我们提出的优化模型中，变量是否是4个约束条件的有效集合。约束条件 $0\leqslant\sum_{x=1}^{m}P_L(x)\leqslant P_L^{\text{total}}$ 和 $P_L(x)\leqslant P_L^{\max},\forall x,x=1,2,\cdots,m$ 与实际情况相关，它们定义了 $P_L(x)$ 的上下确界的最大值。优化模型中最后两个约束条件进一步定义了 $P_L(x)$ 的上下确界。我们需要考虑 $\dfrac{H_S(x)\cdot K_2^{-1}\ln\dfrac{K_1}{\varepsilon}}{\delta^2}-N_0$ 和 $\dfrac{(2^{\rho_{\max}}-1)H_S(x)\cdot K_2^{-1}\ln\dfrac{K_1}{\varepsilon}}{\delta^2}-N_0$ 的关系，实际上，变量 $H_S(x)$、K_2^{-1} 和 δ^2 都大于0，K_1 大于 ε，这意味着 $\ln\dfrac{K_1}{\varepsilon}>0$，因此最后两个

约束条件可以转换为

$$1 \leqslant \frac{\delta^2 P_L(x)}{H_S(x) K_2^{-1} \ln \dfrac{K_1}{\varepsilon}} \leqslant 2^{\rho_{max}} - 1 \tag{7-24}$$

变量 ρ_{max} 大于 1。因此，侦听及干扰优化模型中，变量 $P_L(x)$ 是 4 个约束条件的有效集合。

其次，我们判断优化模型中目标函数是否为连续函数。显然，目标函数是一个复合函数，它使用了基于 $P_L(x)$、$H_S(x)$、$H_E(x)$ 和 $H_J(x)$ 的常数函数、幂函数、指数函数和对数函数。很容易证明 $P_L(x)$、$H_S(x)$、$H_E(x)$ 和 $H_J(x)$ 的函数都是连续函数。此外，和函数不影响函数的连续性。因此，我们提出的侦听及干扰优化模型的目标是一个连续函数。

最后，我们讨论提出的侦听及干扰优化模型的目标函数是否为凸函数。为了简化，我们将目标函数定义为 $G(x)$，其中

$$G(x) = \left(1 - \frac{1}{2} e^{\beta_1 - \beta_0 \delta \sqrt{\frac{H_E(x)+H_J(x)}{H_S(x)}\left(1+\frac{P_L(x)}{N_0}\right)}}\right)^{8(2f-l)} \tag{7-25}$$

之前我们证明了目标函数为连续函数，现在我们通过对 $G(x)$ 求二阶导数来证明其为凸函数：

$$G''(x) = -b\ln[8(2f-l)] \cdot \frac{1}{2}\exp\left(\beta_1 - \beta_0 \delta \sqrt{\frac{H_E(x)+H_J(x)}{H_S(x)}\left(1+\frac{P_L(x)}{N_0}\right)}\right) \cdot \ln\frac{1}{2}\left[\left(\frac{H_E(x)+H_J(x)}{H_S(x)}\right)'' + \left(\frac{P_L(x)}{N_0}\frac{H_E(x)+H_J(x)}{H_S(x)}\right)''\right] \tag{7-26}$$

根据指数函数的非负性，$G''(x)$ 的第二项将大于零。对于 $G''(x)$ 的第一项，由于实际情况中，前导码 1 的大小一般都小于帧大小 f，那么 $8(2f-l)$ 的结果将大于 1，因此第一项小于 0。对于 $G''(x)$ 的第三项，我们有如下推导：

$$\left(\frac{H_E(x)+H_J(x)}{H_S(x)}\right)'' + \frac{1}{N_0}\left[2P_L'(x)\left(\frac{H_E(x)+H_J(x)}{H_S(x)}\right)' + P_L(x)\left(\frac{H_E(x)+H_J(x)}{H_S(x)}\right)'' + P_L''(x)\left(\frac{H_E(x)+H_J(x)}{H_S(x)}\right)\right] \geqslant 0 \tag{7-27}$$

综上，$G''(x)$ 的第一项小于 0，第二项大于 0，第三项不小于 0，因此，$G(x)$ 的二阶导数 $G''(x) \leqslant 0$。最终我们得出侦听及干扰优化模型的目标函数是凸函数的结论，因此，该模型具有最优解。

7.4.6 侦听及干扰选择算法

首先，上一节优化问题中的最优功耗 $P_L^*(x)$ 可以通过线性优化方法（如线性规划）得

到。接下来，我们提出了实时分配 UAV_L 干扰功率的选择算法，如算法 7-1 所示。

算法 7-1：Selection Policy

```
1:   BEGIN:
2:   k: denotes the current time slot, x: denotes the duration of time slot.
3:   INPUT:  D(0), n, λ, α, α_2, Δv
4:   If Δv=0 then
5:            D=D(0)
6:   Else
7:            D(k)=D(k-1)=kxΔv
8:   End If
9:   Acquire:  H_S(k), γ_S(k) via D(k)
10:  Acquire: UAV_L's position: d_1(k), d_2(k)
11:  While
        E(k)=[0,1]^T||E(k)=[1,0]^T||J(k)=[0,1]^T||J(k)=[1,0]^T
     do
12:      Acquire: P_L(k)=P_L^e(k)+P_L^i(k)
13:      power set in all cases: {P_L^i(k)}, i=1,2,3,4.
14:  End While
15:  For  i=1:4, i++ do
16:      If the Equations (13) (14) (15) then
17:        derive Power-efficient package rate maximum problem
18:        Acquire P_L^{i*}(k)
19:      else
20:           P_L^{i*}(k)=0, E(k)=[0,0]^T,  J(k)=[0,0]^T
21:      End If
22:  End For
23:      P_L^*(k)=min{P_L^{i*}(k)}, i*=arg min{P_L^{i*}(k)}
24:  Output: E(k)=E^{i*}(k), J(k)=J^{i*}(k)
25:  If  E(k)=E(k-1)&&J(k)=J(k-1) then
26:      UAV_L doesn't shift the eavesdropping-jamming model
27:  else
28:      UAV_L shifts the eavesdropping-jamming model from
                         E(k-1), J(k-1) to E(k), J(k)
29:  End If
30:                      k=k+1
31:  Go back to line 6 until  k=m+1
32:  END
```

根据参考文献[23]，UAV_L 通过信道探针技术监控可疑链路，因此在每个时隙的初始，UAV_L 就知道可疑和窃听链路的信道，因此在时隙 x 开始时就知道 N_0 和信道增益 $H_S(x)$、$H_E(x)$、$H_J(x)$。UAV_L 成功侦听可疑链路数据包的约束条件为 $\gamma_S(x)=\delta$，因此我们得到：

$$P_L(x) \geqslant \frac{N_0(H_S(x)-H_E(x)-H_J(x))}{H_E(x)+H_J(x)} \tag{7-28}$$

其中，$H_E(x)$ 由式(7-11)得到。因此，当时隙 $x=k$ 时，初始化干扰功率为

$$P_{\mathrm{L}}^{0}(k)=\frac{N_{0}(H_{\mathrm{S}}(x)-H_{\mathrm{E}}(x)-H_{\mathrm{J}}(x))}{H_{\mathrm{E}}(x)+H_{\mathrm{J}}(x)} \tag{7-29}$$

其次,UAV_{L} 检验初始化侦听和干扰功率之和 $P_{\mathrm{L}}^{0}(k)$是否满足最优化侦听及干扰问题的 4 个约束条件。如果其中一个约束条件不成立,则表明所需的干扰功率远高于最优解,例如侦听链路的链路质量太差,无法对可疑数据包进行解码。在这种情况下,UAV_{L} 不向可疑无人机发送干扰信号,以节约能耗。此外,如果 $\sum_{x=1}^{k-1}P_{\mathrm{L}}(x)+P_{\mathrm{L}}^{0}(k)\leqslant P_{\mathrm{L}}^{\max}$,并且约束条件式(7-14)~式(7-16)成立,那么 UAV_{L} 就可以通过求最优解来得到最优功耗 $P_{\mathrm{L}}^{*}(x)$。

7.4.7 算法复杂度分析

UAV_{L} 执行选择算法的功耗远小于 UAV_{L} 的侦听及干扰功率,可以忽略不计。选择算法的时间复杂度表示为 $O(n^2m+nm)$。根据文献[24],PELE(power efficient legitimate eavesdropping)算法的时间复杂度为 $O(m)$,这取决于时隙的数量。本章我们考虑了侦听和干扰模型中的 $n(n=4)$个实例,因此,找到最优功耗解的时间复杂度消耗为 $O(nm)$。计算出每个时隙中所有实例下的最优功耗后,本算法使用文献[25]中的气泡法计算出在整个侦听及干扰过程中,UAV_{L} 在所有实例下的最优功耗。其中,每个时隙最优功耗计算的时间复杂度为 $O(n^2)$,整个侦听和干扰过程中最优功耗计算的时间复杂度表示为 $O(mn^2)$。因此,本章提出的选择算法的时间复杂度为 $O(n^2m+nm)$,其中 n 表示实例数,m 表示划分的时隙数。

在研究中我们发现,为了精确求解模型的最优解,找出最佳的时隙数极具挑战。随着时间复杂度的递增,很难获得最优的时隙数来准确地求解出模型的最优解。由于实验设备的局限性,我们在仿真中仅讨论了 6 个时隙划分下算法的性能。在未来的工作中,我们将设计一种算法来计算最佳时隙数,从而使优化模型的解更加精确。

7.5 仿真实验

本章我们将通过仿真实验来验证侦听及干扰选择算法的性能。此外,为了更贴近实际情况,我们将算法应用与 4 个常见的衰减信道：Rayleigh、Ricean、Weibull 和 Nakagami,用于研究多径衰减信道对算法性能的影响。

7.5.1 仿真环境配置

两个可疑无人机之间的距离为 D,取值 500～2000m 不等,合法无人机的飞行轨迹长度为 $\pi D/2$,巡航速度设定为 10m/s。

本章研究中,无人机之间距离变化(500～2000m)发生在同一高度,并且该高度在政策允许的范围内。由于实验设备及经费限制,我们使用 MATLAB 来代替实际的无人机进行实验,详细的仿真实验参数如表 7-3 所示。计算不同衰减信道中,不同距离下本章所提算法的功耗部分源代码见附录 12。

表 7-3 仿真参数

参 数	值	参 数	值
K_1	0.2	b	100B
K_2	3	δ	3
β_0	2.6	λ	0.3
β_1	1	n	0.005 377
φ	60	α_1	3
Δv	$[-10,10]$	α_2	2.5
θ	$[0,\pi]$	D/m	500,1000,1500,2000
f	20	$P_L^{\max}$/W	8×10^{-6}
l	10	ρ	1,2,4,8
ε	0.05	恒定干扰功率/W	10^{-8}
N_0/W	3.98×10^{-12}		

UAV_{ST} 以 TDMA 方式与 UAV_{SR} 通信,以实现可疑链路中数据的无冲突传输。特别地,我们认为一个 TDMA 帧包含 6 个时隙,每个时隙为 10s。在一个时隙内,UAV_{ST} 将其数据传输到 UAV_{SR},与此同时,UAV_L 根据本章提出的选择算法对可疑无人机进行侦听和干扰。此外,假设可疑链路、侦听链路和干扰链路信道均为块衰落(block-fading),即在一个时隙内信道状态准静态,相邻时隙的信道状态不相关,并且可能会从一个块变为另一个块。

7.5.2 功耗及侦听到的数据包数量

为了研究算法性能,我们与另外两种侦听策略做比较:具有恒定干扰功率的主动式侦听(constant-jamming)和零干扰功率的主动式侦听(no-jamming)。对于前者,我们将恒定干扰功率设置为 10^{-8} W(事实上,恒定干扰功率可以设置为 $P_L^{\max}$ 以下的任何值,这对仿真结果几乎没有影响)。对于后者,我们将恒定干扰功率设置为 0,这意味着无人机仅侦听可疑无人机发送的数据包,而不向可疑链路发送干扰信号[26-28]。

图 7-7 表明,当 $D=500$、1000、1500、2000m 时,最优化选择算法比恒定干扰策略节省65.79%、52.66%、78.12%、13.92%的能耗。当 $D=500$、1000、1500、2000m 时,最优化选择算法比无干扰方案节省 74.73%、39.02%、74.35%、8.40%的能耗。在每次仿真实验中,最优选择算法的功耗随着时间的推移而增加。其原因是合法无人机通过干扰或不干扰的方式来侦听可疑无人机,其能耗随着时间的推移必然增加。不同距离下的能耗不会进行比较,因为在每次仿真实验中,无人机以随机速度飞行(例如,随机 Δv),从而导致不同的能耗,不能简单地相互比较。

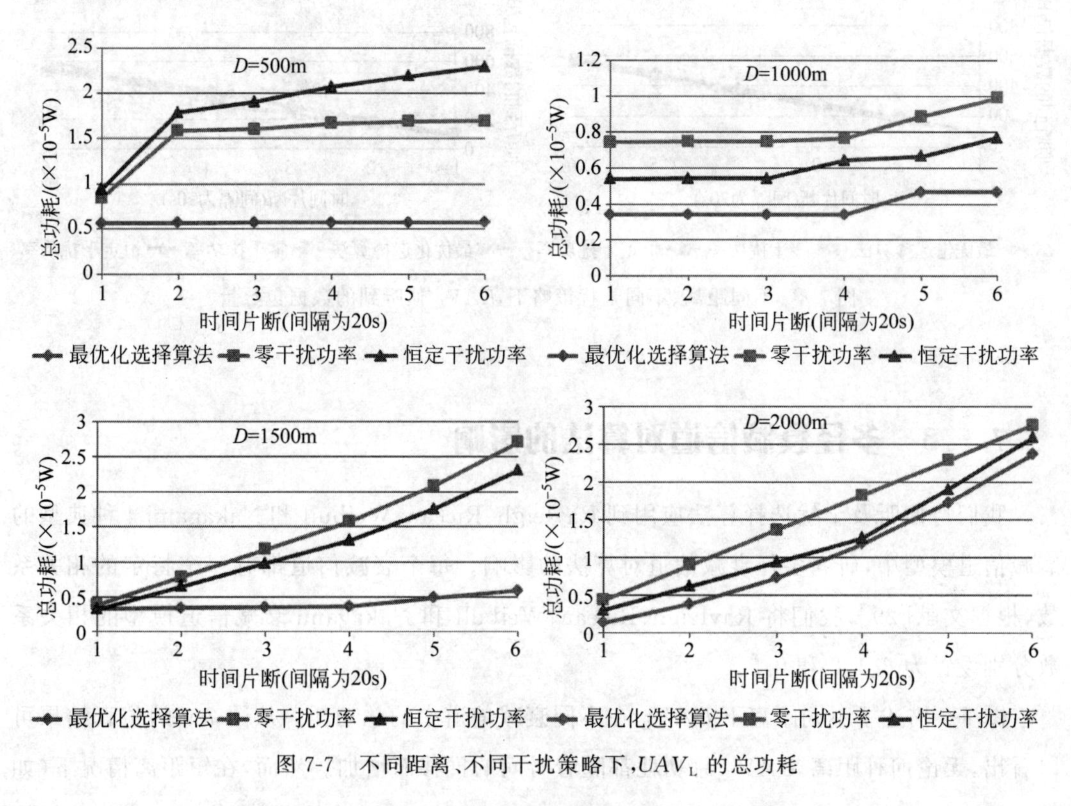

图 7-7 不同距离、不同干扰策略下,UAV_L 的总功耗

图 7-8 对三种算法下侦听到的数据包数量进行了对比。仿真结果表明,在不同距离下,选择算法优于无干扰和恒定干扰算法。其原因在于,UAV_L 通过选择算法动态调整干扰功率,以适应不断变化的链路状态(如数据传输率过低),以便侦听到更多的数据包。在每个侦听时隙,UAV_L 根据选择策略选择合适的侦听实例,从而侦听更多的信息。当 $D=500$m 时,与恒定干扰算法和无干扰算法相比,选择算法侦听到的数据包多近 1.2 倍。然而,当距离增加时,选择算法和其他两种算法之间的差距会缩小。这是因为在远距离情况下,数据传输速率主要受信道条件控制而非侦听及干扰选择算法,因此无论选择哪种算法,UAV_L 都可以侦听到几乎相同数量的数据包。

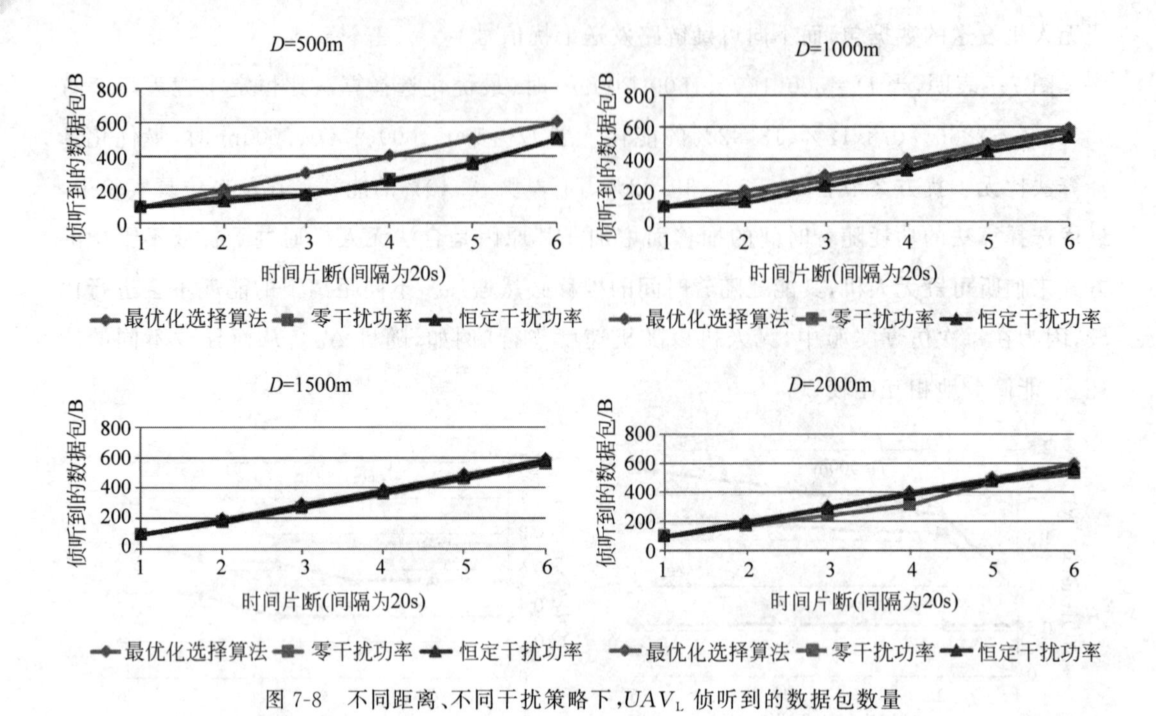

图 7-8 不同距离、不同干扰策略下，UAV_L 侦听到的数据包数量

7.5.3 多径衰减信道对算法的影响

我们将侦听及干扰选择算法应用到 Rayleigh、Ricean、Weibull 和 Nakagami 4 种典型的衰减信道模型中，研究多径衰减信道对算法的影响。每个衰减信道都有一个特定的相关系数，根据文献[29]，我们将 Rayleigh、Ricean、Weibull 和 Nakagami 衰减信道模型的相关系数分别设置为 2、1、2 和 0.5。

图 7-9 描述了不同距离下 UAV_L 在不同衰减信道中的总功耗。从图 7-9 的仿真结果可以看出，无论何种距离，UAV_L 总功耗都随着时间的推移而增加。然而，在短距离情况下（如图 7-9 中 $D=500\text{m}$），总功耗增加更为迅速。这是因为在短距离情况下，侦听及干扰选择算法是影响功耗性能的主要因素，而在长距离情况下（如图 7-9 中 $D=2000\text{m}$），衰减信道的状态成为影响功耗性能的主因。图 7-9 表明，在不同距离下的仿真实验中，UAV_L 在 Ricean 衰减信道中的总功耗最低，在 Nakagami 衰减信道中的总功耗最高，该结论在图 7-10 中也可以得到验证。

我们从图 7-10 中可以看出，在 4 个典型衰减信道中，选择算法下的侦听到的数据包数量随时间线性增长。选择算法在 Weibull 衰减信道中表现最好，但不明显。在不同时隙下，Nakagami 衰减信道中侦听到的数据包数量少于其他 3 个衰减信道。这是因为 Weibull 衰减信道模型主要应用于视距传播的情况中[30,31]，其链路上信号的衰减服从 Weibull 分布，

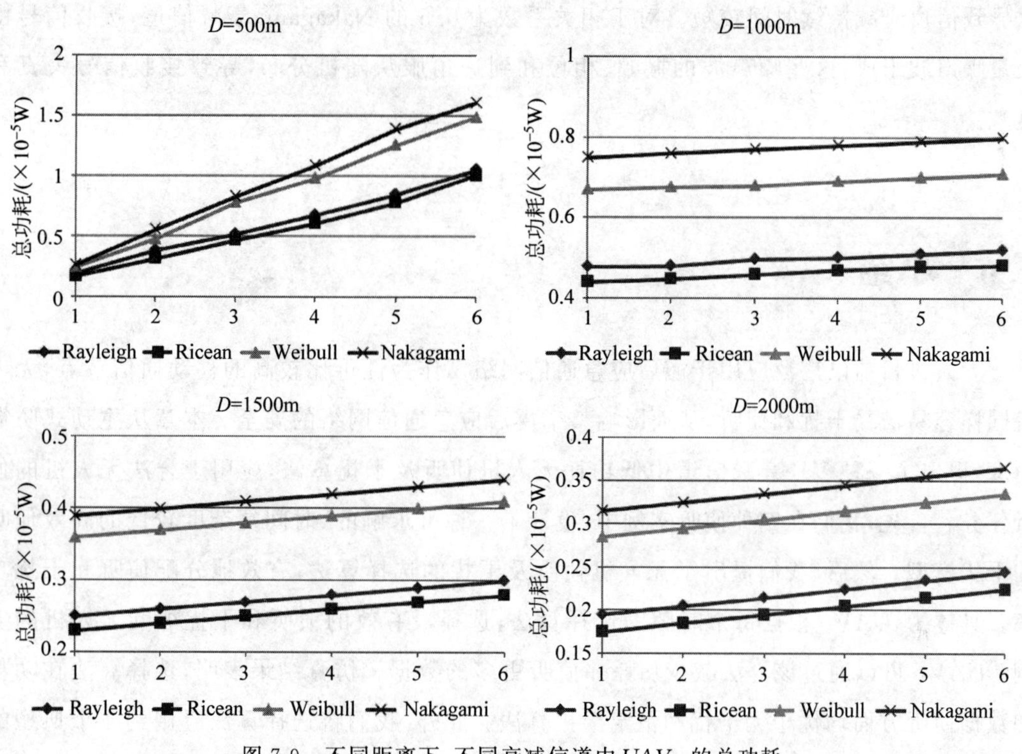

图 7-9 不同距离下、不同衰减信道中 UAV_L 的总功耗

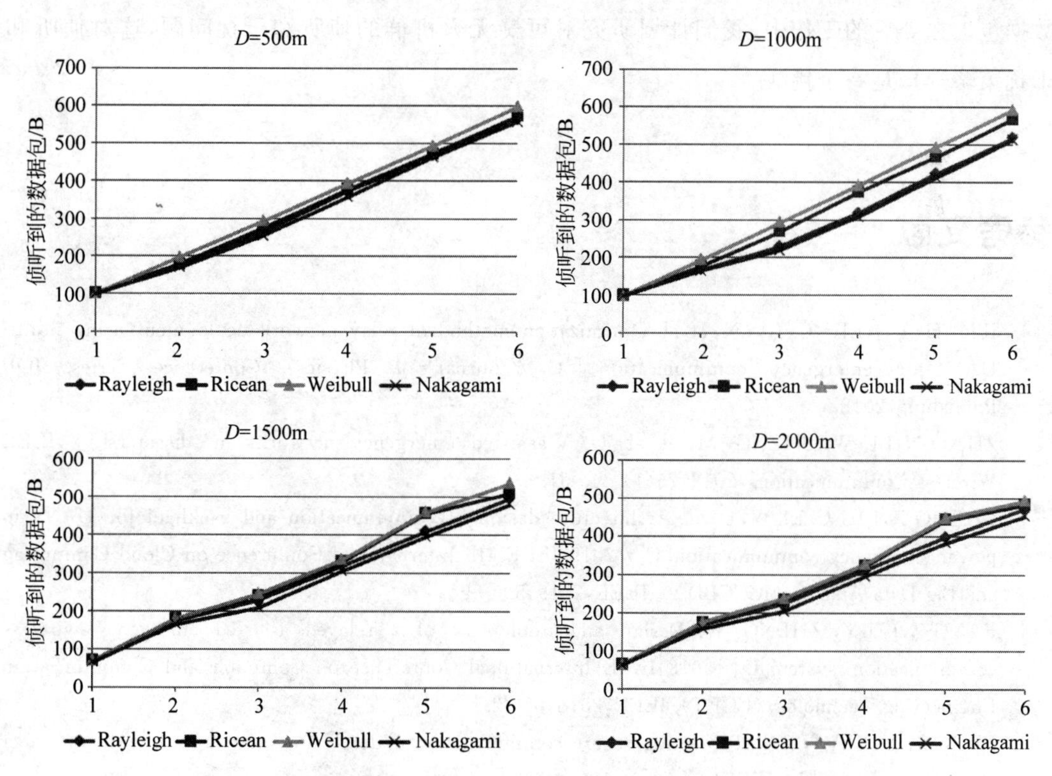

图 7-10 不同距离下、不同衰减信道中 UAV_L 侦听到的数据包数量

这导致信道衰减持续时间较短。对于相关系数为 0.5 的 Nakagami 衰减信道，接收信号由大量噪声波组成，这些噪声波的振幅、相位和到达角服从随机分布，导致接收信号失真和衰减。

7.6 小结

无人机目前已广泛应用于震后应急通信网络。作为性价比较高的移动通信节点，无人机同样容易遭受干扰和侦听，从而影响整个震后应急通信网络的安全。本章从主动式防御角度，提出了一种多径衰减信道中低功耗无人机侦听及干扰算法，应用于合法无人机的侦听任务。首先，我们在四种侦听实例中，设计了一种可求解的、时间复杂度较低的高效侦听和干扰模型。然后，我们提出了无人机侦听及干扰的选择算法，有效地分配侦听和干扰功率。具体为，UAV_L 根据每个时隙的选择算法，选择最有效的侦听和干扰可疑无人机的实例。UAV_L 可以通过该算法减少功耗并侦听更多的数据。仿真结果表明，选择算法在功耗和数据侦听方面均优于无干扰和恒定干扰算法。此外，我们将选择算法应用到 4 个典型的衰减信道中，以验证其性能，结果表明，在 Weibull 衰减信道中，选择算法能够侦听到更多的数据包。在今后的工作中，我们计划研究对可疑无人机群的侦听和干扰问题，这对侦听和干扰策略选择是一个挑战。

参考文献

[1] IBRAH A D,LIU C,LV N,et al. Optimization method of relay network deployment using multi-UAV for emergency communication [C]//Journal of Physics: Conference Series. IOP Publishing,2018.

[2] ZHAO N,LU W,SHENG M,et al. UAV-assisted emergency networks in disasters[J]. IEEE Wireless Communications,2019,26(1):45-51.

[3] CHENG X,LIU C,LI W,et al. Architecture design of communication and backhaul for UAVs in power emergency communication[C]//2019 IEEE 4th International Conference on Cloud Computing and Big Data Analysis(ICCCBDA). IEEE,2019,590-594.

[4] FANG Z,LU Y,ZHENG W. Design and implement of a relayed assisted emergency wireless communication system[C]//2018 IEEE International Conference on Computer and Communication Engineering Technology(CCET). IEEE,2018,68-72.

[5] LI C,XU Y,XIA J,et al. Protecting secure communication under UAV smart attack with imperfect channel estimation[J]. IEEE Access,2018,6:76395-76401.

[6] MITRPANT C,VINCK A,LUO Y. An achievable region for the Gaussian wiretap channel with side

information[J]. IEEE Transactions on Information Theory,2006,52(5): 2181-2190.

[7] NEGI R,GOEL S. Secret communication using artificial noise[C]. IEEE International on Vehicular Technology Conference(VTC),2005,3: 1906-1910.

[8] BLOCH M,BARROS J,RODRIGUES M R D,et al. Wireless information-theoretic security[J]. IEEE Transactions on Information Theory,2008,54(6): 2515-2534.

[9] ZOU Y,ZHU J,WANG X,et al. A survey on wireless security: technical challenges,recent advances, and future trends[J]. Proceedings of the IEEE,2016,104(9): 1727-1765.

[10] XU J,ZHANG R. A general design framework for MIMO wireless energy transfer with limited feedback[J]. IEEE Transactions on Signal Processing,2016,64(10): 2475-2488.

[11] TRAN H,ZEPERNICK H J. Proactive attack: a strategy for legitimate eavesdropping[C]//2016 IEEE Sixth International Conference on Communications and Electronics(ICCE). IEEE, 2016, 457-461.

[12] ZENG Y,ZHANG R. Wireless information surveillance via proactive eavesdropping with spoofing relay[J]. IEEE Journal of Selected Topics in Signal Processing,2016,10(8): 1449-1461.

[13] AYUB M F,GHAWASH F,SHABBIR M A,et al. Next generation security and surveillance system using autonomous vehicles[C]//2018 Ubiquitous Positioning,Indoor Navigation and Location-Based Services(UPINLBS). IEEE,2018,1-5.

[14] XU J,DUAN L, ZHANG R. Proactive eavesdropping via jamming for rate maximization over rayleigh fading channels[J]. IEEE Wireless Communications Letters,2016,5(1): 80-83.

[15] 杨尚东,罗卫兵. 微小型无人机平台中继在应急通信中的应用[J]. 飞航导弹,2015(5): 68-71.

[16] XU J,DUAN L,ZHANG R. Proactive eavesdropping via cognitive jamming in fading channels[J]. IEEE Transactions on Wireless Communications,2017,16(5): 2790-2806.

[17] ZHOU X,MAHAM B,HJORUNGNES A. Pilot contamination for active eavesdropping[J]. IEEE Transactions on Wireless Communications,2012,11(3): 903-907.

[18] CUI A,PENG J,LI H,et al. Affine matrix rank minimization problem via non-convex fraction function penalty[J]. Journal of Computational and Applied Mathematics,2018,336: 353-374.

[19] SHUI Y S,CHANG S Y,WU H C,et al. Physical layer security in wireless networks: a tutorial[J]. IEEE wireless Communications,2011,18(2): 66-74.

[20] LI K,NI W,WANG X,et al. Energy-efficient cooperative relaying for unmanned aerial vehicles[J]. IEEE Transactions on Mobile Computing,2016,15(6): 1377-1386.

[21] PAAR C,PELZL J. Understanding cryptography: a textbook for students and practitioners[M]. Berlin: Springer Science & Business Media,2009.

[22] BOYD S, VANDENBERGHE L. Convex optimization [M]. London: Cambridge University Press,2004.

[23] XU J, DUAN L, ZHANG R. Surveillance and intervention of infrastructure-free mobile communications: A new wireless security paradigm[J]. IEEE Wireless Communications,2017,24(4): 152-159.

[24] WANG X,LI K,KANHERE S S,et al. PELE: power efficient legitimate eavesdropping via jamming in UAV communications[C]//2017 13th International Wireless Communications and Mobile Computing Conference(IWCMC). IEEE,2017,402-408.

[25] SCHOEL W M,SCHÜRCH S,GOERKE J. The captive bubble method for the evaluation of pulmonary surfactant: surface tension,area,and volume calculations[J]. Biochimica et Biophysica Acta(BBA)-General Subjects,1994,1200(3): 281-290.

[26] MEYER U,WETZEL S. A man-in-the-middle attack on UMTS[C]//Proceedings of the 3rd ACM Workshop on Wireless Security. ACM,2004,90-97.

[27] OHIGASHI T,MORII M. A practical message falsification attack on WPA[J]. Proc. JWIS,2009,54:66.

[28] ELLIOTT C. Quantum cryptography[J]. IEEE Security & Privacy,2004,2(4):57-61.

[29] EDMAN M,KIAYIAS A,YENER B. On passive inference attacks against physical-layer key extraction[C]//Proceedings of the Fourth European Workshop on System Security. ACM,2011,8.

[30] WU Q,ZHANG R. Common throughput maximization in UAV-enabled OFDMA systems with delay consideration[J]. IEEE Transactions on Communications,2018,66(12):6614-6627.

[31] WU Q,ZENG Y,ZHANG R. Joint trajectory and communication design for multi-UAV enabled wireless networks[J]. IEEE Transactions on Wireless Communications,2018,17(3):2109-2121.

附　　录

附　录　1

添加被监控节点代码：

```
<?php
include ("check_login.php");
?>
<html><head>
<meta http-equiv="Content-Type" content="text/html; charset=gb2312" />
<title>添加设备</title>
        <style type="text/css">
        /* A few IE bug fixes */
        * { margin: 0; padding: 0; }
        * html ul ul li a { height: 100%; }
        * html ul li a { height: 100%; }
        * html ul ul li { margin-bottom: -1px; }
        body { padding-left: 10em; font-family: Arial, Helvetica, sans-serif; }
        #theMenu { width: 200px; height: 350px; margin: 30px 0; padding: 0; }
        /* Some list and link styling */
        ul li { width: 200px; }
        ul ul li { border-left: 25px solid #69c; padding: 0; width: 175px; margin-bottom: 0; }
        ul ul li a { display:block; color: #000; padding: 3px 6px; font-size: small; }
        ul ul li a:hover { display:block; color: #369; background-color: #eee; padding: 3px 8px;
font-size: small; }
        /* For the xtra menu */
        ul ul ul li { border-left: none; border-bottom: 1px solid #eee; padding: 0; width: 175px;
margin-bottom: 0; }
        ul ul ul li a { display:block; color: #000; padding: 3px 6px; font-size: small; }
        ul ul ul li a:hover { display:block; color: #369; background-color: #eee; padding: 3px
8px; font-size: small; }
        li { list-style-type: none; }
        h2 { margin-top: 1.5em; }
        /* Header links styling */
        h3.head a {
        color: #333;
        display:block;
        border-top: 1px solid #36a;
        border-right: 1px solid #36a;
        background: #ddd url(down.gif) no-repeat;
        background-position: 98% 50%;
        padding: 3px 6px;
```

```
        }
        h3.head a:hover {
        color: #000;
        background: #ccc url(down.gif) no-repeat;
        background-position: 98% 50%;
        }
        h3.selected a {
        background: #69c url(up.gif) no-repeat;
        background-position:98% 50%;
        color: #fff;
        padding: 3px 6px;
        }
        h3.selected a:hover {
        background: #69c url(up.gif) no-repeat;
        background-position:98% 50%;
        color: #36a;
        }
        /* Xtra Header links styling */
        h4.head a {
        color: #333;
        display:block;
        border-top: 1px solid #36a;
        border-right: 1px solid #36a;
        background: #eee url(down.gif) no-repeat;
        background-position: 98% 50%;
        padding: 3px 6px;
        }
        h4.head a:hover {
        color: #000;
        background: #ddd url(down.gif) no-repeat;
        background-position: 98% 50%;
        }
        h4.selected a {
        background: #6c9 url(up.gif) no-repeat;
        background-position:98% 50%;
        color: #fff;
        padding: 3px 6px;
        }
        h4.selected a:hover {
        background: #6c9 url(up.gif) no-repeat;
        background-position:98% 50%;
        color: #36a;
        }
    a:link {
    text-decoration: none;
    color: #000;
}
a:visited {
    text-decoration: none;
    color: #000;
}
```

```
a:hover {
    text-decoration: none;
}
a:active {
    text-decoration: none;
}
</style>
</head>
<body>
<script type="text/javascript" src="jquery.js"></script>
<script type="text/javascript" src="accordion.js"></script>
<script type="text/javascript">
jQuery().ready(function(){
  // applying the settings
    jQuery('#theMenu').Accordion({
        active: 'h3.selected',
            header: 'h3.head',
            alwaysOpen: false,
            animated: true,
            showSpeed: 400,
            hideSpeed: 800
    });
    jQuery('#xtraMenu').Accordion({
            active: 'h4.selected',
            header: 'h4.head',
            alwaysOpen: false,
            animated: true,
            showSpeed: 400,
            hideSpeed: 800
    });
});
</script>
<table width="1060px" border="0">
  <tr valign="top">
    <th colspan="2" align="center" scope="col" background="images/image01.jpg" style=
"height:59px"> </th>
  </tr>
  <tr valign="top">
    <th width="167px" align="left" scope="col" background="images/image03.jpg">
        <ul id="theMenu">
            <li>
                <h3 class="head"><a href="javascript:;" class="head">设备管理</a></h3>
                <ul>
                    <li><a href="addhost.php">添加设备</a></li>
                    <li><a href="deletehost.php">删除设备</a></li>
                    <li><a href="modifyhost.php">修改设备</a></li>
                </ul>
            </li>
            <li>
                <h3 class="head"><a href="javascript:;">组管理</a></h3>
                <ul>
```

```
                <li>
                    <ul id="xtraMenu">
                        <li>
                            <h4 class="head"><a href="javascript:;">添加组</a></h4>
                            <ul>
                                <li><a href="addhostgroup.php">添加设备组</a></li>
                                <li><a href="addservicegroup.php">添加服务组</a>
</li>
                            </ul>
                        </li>
                        <li>
                            <h4 class="head"><a href="javascript:;">修改组</a></h4>
                            <ul>
                                <li><a href="modifygroupname.php">修改组名</a>
</li>
                                <li><a href="addtogroup.php">添加组中设备或服务
</a></li>
                                <li><a href="deletefromgroup.php">删除组中设备或
服务</a></li>
                            </ul>
                        </li>
                    </ul>
                </li>
                <li><a href="deletegroup.php">删除组</a></a></li>
            </ul>
        </li>
        <li>
            <h3 class="head"><a href="javascript:;">配置管理</a></h3>
            <ul>
                <li><a href="listconfig.php">查看配置文件</a></li>
            </ul>
        </li>
        <li>
            <h3 class="head"><a href="javascript:;">Nagios 进程管理</a></h3>
            <ul>
                <li><a href="nagios_check_config.php">Nagios 配置检查</a></li>
                <li><a href="nagios_restart.php">Nagios 进程重启</a></li>
            </ul>
        </li>
        <li>
            <h3 class="head"><a href="javascript:;">故障记录与查询</a></h3>
            <ul>
                <li><a href="GZRegio.php">故障登记</a></li>
                <li><a href="SeachGZ.php">故障查询</a></li>
            </ul>
            </li>
        <li>
            <h3 class="head"><a href="javascript:;">短消息通知</a></h3>
            <ul>
                <li><a href="index-multi.php">值班短消息通知</a></li>
                <li><a href="index-multi.php">数据库备份短消息通知</a></li>
```

```
                    <li><a href="index-multi.php">周报、月报短消息通知</a></li>
                </ul>
                </li>
            <li>
                <h3 class="head"><a href="http://10.31.103.11/nagios">Nagios 网络管理
平台</a></h3>
                </li>
            <li>
                <h3 class="head"><a href="http://10.31.103.11/cacti">Cacti 网络管理平台
</a></h3>
                </li>
            <li>
                 <h3 class="head"><a href="http://xxx.xxx.xxx.xxxx:xxxx/login.do">
Maxnet 网络管理平台</a></h3>
                </li>
            <li>
                <a href="index.php">退出登录</a>
                </li>
                </ul>
            </th>
    <th style="width:820px;height:580px" background-repeat:no-repeat;scope="col" background=
"images/image04.jpg"><form name="f" method="post" action="addhostok.php">
<blockquote>
  <p><br>
    <br><br><br>
    <span class="style1">设备名:</span><input name="textfield1" type="text" size="15">
    <span class="style1">IP 地址:</span><input name="textfield2" type="text" size="15">
    <br>
    <br><br><br>
    操作系统:<br><br>
    <input type="radio" name="os" onClick="a()" value="1">Linux 系统
    <input type="radio" name="os" onClick="a()" value="2">Windows 系统
    <input type="radio" name="os" onClick="a()" value="3">AIX 系统
    <input type="radio" name="os" onClick="a()" value="4">其他系统
    <br><br>
    默认服务选项:
    <br><br>
  </p>
</blockquote>
<label for="c1" id="c1">PING</label>
<label for="c2" id="c2">CPU</label>
<label for="c3" id="c3">内存</label>
<label for="c4" id="c4">登录用户数</label>
<label for="c5" id="c5">总进程数</label>
<label for="c6" id="c6">系统盘使用率</label>
<label for="c7" id="c7">UpTime</label>
<br><br>
<input type="submit" name="Submit" value="提交">
<input type="reset" name="Submit2" value="重置">
</form></th>
  </tr>
```

```
  <tr>
  <th colspan="2" scope="col" background="images/image08.jpg" style="height:50px">
 </th>
  </tr>
</table>
</body>
</html>
```

附 录 2

检查添加节点是否成功的源代码：

```
<?php session_start();
include ("check_login.php");
$host_name=$_POST[textfield1];
$alias=$_POST[textfield1];
$configfilename = '/usr/local/apache/htdocs/nagiosadmin/test/nagios.cfg';
$host_address=$_POST[textfield2];
$choice=$_POST[os];
$linux_temphostfilename = '/usr/local/apache/htdocs/nagiosadmin/test/LinuxHosts.tempt';
  //Linux 主机 tempt 文件
$win_temphostfilename = '/usr/local/apache/htdocs/nagiosadmin/test/WindowsHosts.tempt';
  //Windows 主机 tempt 文件
$aix_temphostfilename = '/usr/local/apache/htdocs/nagiosadmin/test/AIXHosts.tempt';  //
Windows 主机 tempt 文件
$other_temphostfilename = '/usr/local/apache/htdocs/nagiosadmin/test/OtherHosts.tempt';
  //Windows 主机 tempt 文件
if($choice== "1"){
$handle=fopen($linux_temphostfilename, "r");
$contents=fread($handle, filesize ($linux_temphostfilename));  //LinuxHosts.tempt 文件内容
  fclose($handle);
  $somecontent = str_replace('H_NAME', $host_name, $contents);  //替换主机名和 alias
  $somecontent = str_replace('H_ADDRESS', $host_address, $somecontent);  //替换主机 IP
  $handle = fopen($configfilename, "r");
  $contents = fread($handle, filesize ($configfilename));            //nagios.cfg 文件内容
  fclose($handle);
  if(!empty($contents))
  {$somecontent = $contents."\n".$somecontent;}                      //增加换行
  //首先要保证 nagios.cfg 存在并可读写
 if (is_writable($configfilename)) {
     if (!$handle = fopen($configfilename, 'w')) {
         echo "不能打开文件!";
         echo "<script language=\"javascript\">alert(\"无法打开文件!
\");window.location.href=\"main.php\";</script>";
         fclose($handle);
     }
     if (fwrite($handle, $somecontent) === FALSE) {
     echo "<script language=\"javascript\">alert(\"无法写入文件!
\");window.location.href=\"main.php\";</script>";
```

```
        fclose( $handle);
        }
        echo "< script language=\"javascript\"> alert(\"添加成功!
\");window.location.href=\"main.php\";</script >";
        fclose( $handle);
    } else {
  echo "< script language=\"javascript\"> alert(\"文件不可写!
\");window.location.href=\"main.php\";</script >";
  fclose( $handle);
    }
    }
    else if( $choice== "2"){
   $handle=fopen( $win_temphostfilename, "r");
   $contents=fread( $handle, filesize ( $win_temphostfilename));   //LinuxHosts.tempt 文件内容
     fclose( $handle);
     $somecontent = str_replace('H_NAME', $host_name, $contents);   //替换主机名和 alias
     $somecontent = str_replace('H_ADDRESS', $host_address, $somecontent);   //替换主机 IP
     $handle = fopen( $configfilename, "r");
     $contents = fread( $handle, filesize ( $configfilename));   //nagios.cfg 文件内容
     fclose( $handle);
     if(!empty( $contents))
     { $somecontent = $contents."\n". $somecontent;}                //增加换行
     //首先要保证 nagios.cfg 存在并可读写
    if (is_writable( $configfilename)) {
         if (! $handle = fopen( $configfilename, 'w')) {
             echo "不能打开文件!";
             echo "< script language=\"javascript\"> alert(\"无法打开文件!
\");window.location.href=\"main.php\";</script >";
             fclose( $handle);
         }
         if (fwrite( $handle, $somecontent) === FALSE) {
         echo "< script language=\"javascript\"> alert(\"无法写入文件!
\");window.location.href=\"main.php\";</script >";
        fclose( $handle);
         }
        echo "< script language=\"javascript\"> alert(\"添加成功!
\");window.location.href=\"main.php\";</script >";
        fclose( $handle);
    } else {
  echo "< script language=\"javascript\"> alert(\"文件不可写!
\");window.location.href=\"main.php\";</script >";
    }
    }
    else if( $choice== "3"){
   $handle=fopen( $aix_temphostfilename, "r");
   $contents=fread( $handle, filesize ( $aix_temphostfilename));   //LinuxHosts.tempt 文件内容
     fclose( $handle);
     $somecontent = str_replace('H_NAME', $host_name, $contents);   //替换主机名和 alias
     $somecontent = str_replace('H_ADDRESS', $host_address, $somecontent);   //替换主机 IP
     $handle = fopen( $configfilename, "r");
     $contents = fread( $handle, filesize ( $configfilename));   //nagios.cfg 文件内容
```

```
    fclose( $handle);
    if(!empty( $contents))
    { $somecontent = $contents."\n". $somecontent;}                    //增加换行
    //首先要保证 nagios.cfg 存在并可读写
   if (is_writable( $configfilename)) {
       if (! $handle = fopen( $configfilename, 'w')) {
           echo "不能打开文件!";
           echo "<script language=\"javascript\">alert(\"无法打开文件!
\");window.location.href=\"main.php\";</script>";
           fclose( $handle);
       }
       if (fwrite( $handle, $somecontent) === FALSE) {
       echo "<script language=\"javascript\">alert(\"无法写入文件!
\");window.location.href=\"main.php\";</script>";
      fclose( $handle);
      }
      echo "<script language=\"javascript\">alert(\"添加成功!
\");window.location.href=\"main.php\";</script>";
      fclose( $handle);
   } else {
echo "<script language=\"javascript\">alert(\"文件不可写!
\");window.location.href=\"main.php\";</script>";
fclose( $handle);
   }
   }
   else if( $choice == "4"){
    $handle=fopen( $other_temphostfilename, "r");
 $contents=fread( $handle, filesize ( $other_temphostfilename));   //LinuxHosts.tempt 文件内容
    fclose( $handle);
    $somecontent = str_replace('H_NAME', $host_name, $contents);   //替换主机名和 alias
    $somecontent = str_replace('H_ADDRESS', $host_address, $somecontent);   //替换主机 IP
    $handle = fopen( $configfilename, "r");
    $contents = fread( $handle, filesize ( $configfilename));                //nagios.cfg 文件内容
    fclose( $handle);
    if(!empty( $contents))
    { $somecontent = $contents."\n". $somecontent;}                    //增加换行
    //首先要保证 nagios.cfg 存在并可读写
   if (is_writable( $configfilename)) {
       if (! $handle = fopen( $configfilename, 'w')) {
           echo "不能打开文件!";
           echo "<script language=\"javascript\">alert(\"无法打开文件!
\");window.location.href=\"main.php\";</script>";
           fclose( $handle);
       }
       if (fwrite( $handle, $somecontent) === FALSE) {
       echo "<script language=\"javascript\">alert(\"无法写入文件!\");window.location.href=
\"main.php\";</script>";
      fclose( $handle);
      }
      echo "<script language=\"javascript\">alert(\"添加成功!
\");window.location.href=\"main.php\";</script>";
```

```
        fclose( $handle);
    } else {
echo "< script language=\"javascript\"> alert(\"文件不可写!
\");window.location.href=\"main.php\";</script>";
fclose( $handle);
    }
    }
    else echo "< script language=\"javascript\"> alert(\"请选择主机操作系统!
\");window.location.href=\"addhost.php\";</script>";
?>
```

附　录　3

删除被监控节点源代码：

```
<?php
include ("check_login.php");
?>
<html>
<head>
<meta http-equiv="Content-Type" content="text/html; charset=gb2312" />
<title>删除设备</title>
        <style type="text/css">
                /* A few IE bug fixes */
                * { margin: 0; padding: 0; }
                * html ul ul li a { height: 100%; }
                * html ul li a { height: 100%; }
                * html ul ul li { margin-bottom: -1px; }

                body { padding-left: 10em; font-family: Arial, Helvetica, sans-serif; }
                #theMenu { width: 200px; height: 350px; margin: 30px 0; padding: 0; }

                /* Some list and link styling */
                ul li { width: 200px; }
                ul ul li { border-left: 25px solid #69c; padding: 0; width: 175px; margin-bottom: 0; }
                ul ul li a { display:block; color: #000; padding: 3px 6px; font-size: small; }
                ul ul li a:hover { display:block; color: #369; background-color: #eee; padding: 3px 8px;
font-size: small; }
                /* For the xtra menu */
                ul ul ul li { border-left: none; border-bottom: 1px solid #eee; padding: 0; width: 175px;
margin-bottom: 0; }
                ul ul ul li a { display:block; color: #000; padding: 3px 6px; font-size: small; }
                ul ul ul li a:hover { display:block; color: #369; background-color: #eee; padding: 3px
8px; font-size: small; }


                li { list-style-type: none; }
                h2 { margin-top: 1.5em; }
```

```
/* Header links styling */
h3.head a {
color: #333;
display:block;
border-top: 1px solid #36a;
border-right: 1px solid #36a;
background: #ddd url(down.gif) no-repeat;
background-position: 98% 50%;
padding: 3px 6px;
}
h3.head a:hover {
color: #000;
background: #ccc url(down.gif) no-repeat;
background-position: 98% 50%;
}
h3.selected a {
background: #69c url(up.gif) no-repeat;
background-position:98% 50%;
color: #fff;
padding: 3px 6px;
}
h3.selected a:hover {
background: #69c url(up.gif) no-repeat;
background-position:98% 50%;
color: #36a;
}

/* Xtra Header links styling */
h4.head a {
color: #333;
display:block;
border-top: 1px solid #36a;
border-right: 1px solid #36a;
background: #eee url(down.gif) no-repeat;
background-position: 98% 50%;
padding: 3px 6px;
}
h4.head a:hover {
color: #000;
background: #ddd url(down.gif) no-repeat;
background-position: 98% 50%;
}
h4.selected a {
background: #6c9 url(up.gif) no-repeat;
background-position:98% 50%;
color: #fff;
padding: 3px 6px;
}
h4.selected a:hover {
background: #6c9 url(up.gif) no-repeat;
background-position:98% 50%;
```

```
        color: #36a;
        }
    a:link {
    text-decoration: none;
    color: #000;
}
a:visited {
    text-decoration: none;
    color: #000;
}
a:hover {
    text-decoration: none;
}
a:active {
    text-decoration: none;
}
</style>
</head>
<body>
<script type="text/javascript" src="jquery.js"></script>
<script type="text/javascript" src="accordion.js"></script>
<script type="text/javascript">
jQuery().ready(function(){
    // applying the settings
    jQuery('#theMenu').Accordion({
        active: 'h3.selected',
        header: 'h3.head',
        alwaysOpen: false,
        animated: true,
        showSpeed: 400,
        hideSpeed: 800
    });
    jQuery('#xtraMenu').Accordion({
        active: 'h4.selected',
        header: 'h4.head',
        alwaysOpen: false,
        animated: true,
        showSpeed: 400,
        hideSpeed: 800
    });
});
</script>
<table width="1060px" border="0">
  <tr valign="top">
    <th colspan="2" align="center" scope="col" background="images/image01.jpg" style=
"height:59px"> </th>
  </tr>
  <tr valign="top">
    <th width="167px" align="left" scope="col" background="images/image03.jpg">
        <ul id="theMenu">
```

```
<li>
    <h3 class="head"><a href="javascript:;" class="head">设备管理</a></h3>
    <ul>
        <li><a href="addhost.php">添加设备</a></li>
        <li><a href="deletehost.php">删除设备</a></li>
        <li><a href="modifyhost.php">修改设备</a></li>
    </ul>
</li>
<li>
    <h3 class="head"><a href="javascript:;">组管理</a></h3>
    <ul>
        <li>
            <ul id="xtraMenu">
                <li>
                    <h4 class="head"><a href="javascript:;">添加组</a></h4>
                    <ul>
                        <li><a href="addhostgroup.php">添加设备组</a></li>
                        <li><a href="addservicegroup.php">添加服务组</a></li>
                    </ul>
                </li>
                <li>
                    <h4 class="head"><a href="javascript:;">修改组</a></h4>
                    <ul>

                        <li><a href="modifygroupname.php">修改组名</a></li>
                        <li><a href="addtogroup.php">添加组中设备或服务</a></li>
                        <li><a href="deletefromgroup.php">删除组中设备或服务</a></li>
                    </ul>
                </li>
            </ul>
        </li>
        <li><a href="deletegroup.php">删除组</a></a></li>
    </ul>
</li>
<li>
    <h3 class="head"><a href="javascript:;">配置管理</a></h3>
    <ul>
        <li><a href="listconfig.php">查看配置文件</a></li>
    </ul>
</li>
<li>
    <h3 class="head"><a href="javascript:;"> Nagios 进程管理</a></h3>
    <ul>
        <li><a href="nagios_check_config.php"> Nagios 配置检查</a></li>
        <li><a href="nagios_restart.php"> Nagios 进程重启</a></li>
    </ul>
</li>
```

```
            <li>
                <h3 class="head"><a href="javascript:;">故障记录与查询</a></h3>
                <ul>
                    <li><a href="GZRegio.php">故障登记</a></li>
                    <li><a href="SeachGZ.php">故障查询</a></li>
                </ul>
                </li>
            <li>
                <h3 class="head"><a href="javascript:;">短消息通知</a></h3>
                <ul>
                    <li><a href="index-multi.php">值班短消息通知</a></li>
                    <li><a href="index-multi.php">数据库备份短消息通知</a></li>
                    <li><a href="index-multi.php">周报、月报短消息通知</a></li>
                </ul>
                </li>
            <li>
                <h3 class="head"><a href="http://10.31.103.11/nagios"> Nagios 网络管理
平台</a></h3>
                </li>
            <li>
                <h3 class="head"><a href="http://10.31.103.11/cacti"> Cacti 网络管理平台
</a></h3>
                </li>
            <li>
                <h3 class="head"><a href="http://10.31.103.148:8888/login.do"> Maxnet
网络管理平台</a></h3>
                </li>
            <li>
                <a href="index.php">退出登录</a>
                </li>
                </ul>
            </th>
    <th style="width:820px;height:580px" background-repeat:no-repeat;"scope="col" background=
"images/image04.jpg"><form name="f" method="post" action="deletehostok.php">
<br><br><br><br>
  请输入需要删除的设备名称 <br>
  <br>
  <input name="textfield" type="text" size="15">
  <br>
  <br>
<input type="submit" name="Submit" value="提交">
<input type="reset" name="Submit2" value="重置">
</form></th>
  </tr>
  <tr>
  <th colspan="2" scope="col" background="images/image08.jpg"
style="height:50px"> </th>
  </tr>
</table>
</body>
</html>
```

附　录　4

检查被监控节点是否删除成功的源代码：

```
<?php session_start();
include ("check_login.php");
$host_name=$_POST[textfield];
$file='/usr/local/apache/htdocs/nagiosadmin/test/nagios.cfg';
$tstr=file_get_contents($file);
$findstart='#'.$host_name.'define start';
$findend='#'.$host_name.'define end';
$pos1=strpos($tstr,$findstart);
if ($pos1 === false) {
    echo "<script language=\"javascript\">alert(\"未找到设备!
\");window.location.href=\"deletehost.php\";</script>";
}
else {
$pos2=strpos($tstr,$findend);
$fp=fopen($file,'r');
$content1=($pos1==0) ? "" : fread($fp,$pos1);
fseek($fp,$pos2+strlen($findend));
$content2=fread($fp,strlen($tstr));
fclose($fp);
$fp=fopen($file,'w');
fwrite($fp,$content1.$content2);
fclose($fp);
echo "<script language=\"javascript\">alert(\"删除设备成功!
\");window.location.href=\"deletehost.php\";</script>";
}
?>
```

附　录　5

故障查询代码：

```
<?php session_start();
include ("check_login.php");
?>
<html>
<head>
<meta http-equiv="Content-Type" content="text/html; charset=gb2312" />
<title>故障查询</title>
    <style type="text/css">
        /* A few IE bug fixes */
        * { margin: 0; padding: 0; }
        * html ul ul li a { height: 100%; }
        * html ul li a { height: 100%; }
        * html ul ul li { margin-bottom: -1px; }
```

```
body { padding-left: 10em; font-family: Arial, Helvetica, sans-serif; }
#theMenu { width: 200px; height: 350px; margin: 30px 0; padding: 0; }
/* Some list and link styling */
ul li { width: 200px; }
ul ul li { border-left: 25px solid #69c; padding: 0; width: 175px; margin-bottom: 0; }
ul ul li a { display:block; color: #000; padding: 3px 6px; font-size: small; }
ul ul li a:hover { display:block; color: #369; background-color: #eee; padding: 3px 8px;
font-size: small; }
/* For the xtra menu */
ul ul ul li { border-left: none; border-bottom: 1px solid #eee; padding: 0; width: 175px;
margin-bottom: 0; }
ul ul ul li a { display:block; color: #000; padding: 3px 6px; font-size: small; }
ul ul ul li a:hover { display:block; color: #369; background-color: #eee; padding: 3px
8px; font-size: small; }
li { list-style-type: none; }
h2 { margin-top: 1.5em; }
/* Header links styling */
h3.head a {
color: #333;
display:block;
border-top: 1px solid #36a;
border-right: 1px solid #36a;
background: #ddd url(down.gif) no-repeat;
background-position: 98% 50%;
padding: 3px 6px;
}
h3.head a:hover {
color: #000;
background: #ccc url(down.gif) no-repeat;
background-position: 98% 50%;
}
h3.selected a {
background: #69c url(up.gif) no-repeat;
background-position:98% 50%;
color: #fff;
padding: 3px 6px;
}
h3.selected a:hover {
background: #69c url(up.gif) no-repeat;
background-position:98% 50%;
color: #36a;
}
/* Xtra Header links styling */
h4.head a {
color: #333;
display:block;
border-top: 1px solid #36a;
border-right: 1px solid #36a;
background: #eee url(down.ǎgif) no-repeat;
background-position: 98% 50%;
padding: 3px 6px;
```

```
        }
        h4.head a:hover {
        color: #000;
        background: #ddd url(down.gif) no-repeat;
        background-position: 98% 50%;
        }
        h4.selected a {
        background: #6c9 url(up.gif) no-repeat;
        background-position:98% 50%;
        color: #fff;
        padding: 3px 6px;
        }
        h4.selected a:hover {
        background: #6c9 url(up.gif) no-repeat;
        background-position:98% 50%;
        color: #36a;
        }
    a:link {
    text-decoration: none;
    color: #000;
}
a:visited {
    text-decoration: none;
    color: #000;
}
a:hover {
    text-decoration: none;
}
a:active {
    text-decoration: none;
}
</style>
</head>
<body>
<script type="text/javascript" src="jquery.js"></script>
<script type="text/javascript" src="accordion.js"></script>
<script type="text/javascript">
jQuery().ready(function(){
    // applying the settings
    jQuery('#theMenu').Accordion({
        active: 'h3.selected',
        header: 'h3.head',
        alwaysOpen: false,
        animated: true,
        showSpeed: 400,
        hideSpeed: 800
    });
    jQuery('#xtraMenu').Accordion({
        active: 'h4.selected',
        header: 'h4.head',
        alwaysOpen: false,
```

```
            animated: true,
            showSpeed: 400,
            hideSpeed: 800
        });
});
</script>
<table width="1060px" border="0">
  <tr valign="top">
    <th colspan="2" align="center" scope="col" background="images/image01.jpg" style="
height:59px" > </th>
  </tr>
  <tr valign="top">
    <th width="167px" align="left" scope="col" background="images/image03.jpg">
        <ul id="theMenu">
            <li>
                <h3 class="head"><a href="javascript:;" class="head">设备管理</a>
</h3>
                <ul>
                    <li><a href="addhost.php">添加设备</a></li>
                    <li><a href="deletehost.php">删除设备</a></li>
                    <li><a href="modifyhost.php">修改设备</a></li>
                </ul>
            </li>
            <li>
                <h3 class="head"><a href="javascript:;">组管理</a></h3>
                <ul>
                    <li>
                        <ul id="xtraMenu">
                            <li>
                                <h4 class="head"><a href="javascript:;">添加组</a>
</h4>
                                <ul>
                                    <li><a href="addhostgroup.php">添加设备组</a>
</li>
                                    <li><a href="addservicegroup.php">添加服务组</a>
</li>
                                </ul>
                            </li>
                            <li>
                                <h4 class="head"><a href="javascript:;">修改组</a>
</h4>
                                <ul>
                                    <li><a href="modifygroupname.php">修改组名</a>
</li>
                                    <li><a href="addtogroup.php">添加组中设备或服务
</a></li>
                                    <li><a href="deletefromgroup.php">删除组中设备或
服务</a></li>
                                </ul>
                            </li>
                        </ul>
```

```
                    </li>
                    <li><a href="deletegroup.php">删除组</a></a></li>
                </ul>
            </li>
            <li>
                <h3 class="head"><a href="javascript:;">配置管理</a></h3>
                <ul>
                    <li><a href="listconfig.php">查看配置文件</a></li>
                </ul>
            </li>
            <li>
                <h3 class="head"><a href="javascript:;">Nagios 进程管理</a></h3>
                <ul>
                    <li><a href="nagios_check_config.php">Nagios 配置检查</a></li>
                    <li><a href="nagios_restart.php">Nagios 进程重启</a></li>
                </ul>
            </li>
            <li>
                <h3 class="head"><a href="javascript:;">故障记录与查询</a></h3>
                <ul>
                    <li><a href="GZRegio.php">故障登记</a></li>
                    <li><a href="SeachGZ.php">故障查询</a></li>
                </ul>
                </li>
            <li>
                <h3 class="head"><a href="javascript:;">短消息通知</a></h3>
                <ul>
                    <li><a href="index-multi.php">值班短消息通知</a></li>
                    <li><a href="index-multi.php">数据库备份短消息通知</a></li>
                    <li><a href="index-multi.php">周报、月报短消息通知</a></li>
                </ul>
                </li>
            <li>
                <h3 class="head"><a href="http://xxx.xxx.xxx.11/nagios">Nagios 网络管
理平台</a></h3>
                </li>
            <li>
                <h3 class="head"><a href="http://10.31.103.11/cacti">Cacti 网络管理平台
</a></h3>
                </li>
            <li>
                <h3 class="head"><a href="http://10.31.103.148:8888/login.do">Maxnet
网络管理平台</a></h3>
                </li>
            <li>
                <a href="index.php">退出登录</a>
                </li>
                </ul>
            </th>
    <th style="width:820px;height:580px" background-repeat:no-repeat;scope="col" background=
"images/image05.jpg"><form name="f" method="post" action="searchok.php">
```

```
<table width="100%" border="0">
<tr>
<td colspan="6">
<div id="main">
查询选项:
  <select id="select" name="select">
  <option>请选择</option>
  <option value="time">按时间</option>
  <option value="type">按类型</option>
  </select>
                  <input name="查询" type="submit" value="查询">
</div>
</td>
    </tr>
 <tr>
    <div>
    <table width="100%" border="1" align="center">
    <tr>
    <td>故障发生时间</td>
    <td>故障结束时间</td>
    <td>故障地点</td>
    <td>故障类型</td>
    <td>故障现象及处理过程</td>
    <td>故障处理人员</td>
    <td>故障是否结单</td>
  </tr>
  <?php
    $page = $_GET['page'] ? $_GET['page'] : '';
    if ($page=="") {$page=1;};
    $myconn=mysql_connect("10.31.103.44","root","root");
    if (!$myconn)
  {
  die('Could not connect: ' . mysql_error());
  }
    mysql_query("set names 'gbk'"); // //这就是指定数据库字符集,一般放在连接数据库后面
    mysql_select_db("nagiosadmin",$myconn);
    //$strSql="SELECT * from guzhangchuli order by startyear DESC, startmonth DESC,
startdate DESC,starttime DESC,startminute DESC";
    //用 mysql_query 函数从 user 表里读取数据,按照时间降序排列
    //$result=mysql_query($strSql,$myconn);
    if($page){
    $page_size=10;                          //每页显示 10 条记录
    $query="select count(*) as total from guzhangchuli";   //从数据库中读取数据
    $result=mysql_query($query);
    $message_count=mysql_result($result,0,"total");   //获取总的记录数
    $page_count=ceil($message_count/$page_size);       //获取总的页数
    $offset=($page-1)*$page_size;
    $query="SELECT * from guzhangchuli order by startyear DESC,startmonth DESC,startdate
DESC,starttime DESC,startminute DESC limit $offset, $page_size";
    $result=mysql_query($query);
    while ($row=@mysql_fetch_array($result)){
```

```
    ?>
    < tr >
    < td ><?= $ row["startyear"]?>年<?= $ row["startmonth"]?>月<?= $ row["startdate"]?>
日<?= $ row["starttime"]?>时分<?= $ row["startminute"]?></td >
    < td ><?= $ row["endyear"]?>年<?= $ row["endmonth"]?>月<?= $ row["enddate"]?>日<?
= $ row["endtime"]?>时<?= $ row["endminute"]?>分</td >
    < td ><?= $ row["location"]?></td >
    < td ><?php
    if ( $ row["line"]=='1'){
    echo '线路';}
    elseif ( $ row["device"]=='1'){
    echo '设备';}
    elseif ( $ row["power"]=='1'){
    echo '电源';}
    else{
    echo '其他';}
    ?></td >
    < td ><?= $ row["deal"]?></td >
    < td ><?= $ row["username"]?></td >
    <?php
    if( $ row["jiedan"]=='1'){
      echo '< td >'. 已结单. '</td >';
      }
      else{
//    echo '< td >'. '< a href="modify_guzhang. php"?ID='. $ row["ID"]. '">'. $ row["ID"]. 未结
单. '</a ></td >';
      echo '< td >'. '< a href="modify_guzhang. php?ID='. $ row["ID"]. '">'. 未结单. '</a ></td >';
      }
      ?>
    </tr >
 <?php
    }}
    //关闭对数据库的连接
    mysql_close( $ myconn);
?>
    </table >
< table width="650" border="1" cellpadding="0" cellspacing="0" bgcolor="#4DB1FD">
  < tr >
   < td width="35%" align="center">< span class="STYLE1">   页次: <?php
echo $ page;?>
      / <?php echo $ page_count;?> 页 记录: <?php echo $ message_count;?> 条   </span >
</td >
   < td width="35%" height="22" align="center">< span class="STYLE1"> 分页:
      <?php
                  if( $ page!=1)
                  {
                     echo "< a href=search_on_time. php?page=1 >首页</a >  ";
                     echo "< a href=search_on_time. php?page=". ( $ page-1). ">上一页
</a >  ";
                  }
                  if( $ page < $ page_count)
```

```
                {
                        echo "<a href=search_on_time.php?page=".($page+1).">下一页
</a> ";
                        echo  "<a href=search_on_time.php?page=".$page_count.">尾页
</a>";
                }
                ?>
    </span></td>
   </tr>
</table>
    </div>
    </tr>
</table>
     </form></th>
   </tr>
 </table>
<tr>
   <th colspan="2" scope="col" background="images/image08.jpg" style="height:50px">
 </th>
   </tr>
</table>
</body>
</html>
```

附 录 6

检查系统配置文件代码：

```
<?php
include ("check_login.php");
$nagios_configfiile_check="/usr/local/nagios/bin/nagios -v /usr/local/nagios/etc/nagios.cfg";
$tempstr="Things look okay";
echo '<pre>';
$last_line = system($nagios_configfiile_check, $retval);
$pos=strpos($last_line,$tempstr);
echo '<hr>';
if ($pos === false) {
    echo "配置文件有误,请根据错误信息进行详细检查!";
} else {
    echo "配置文件正确,可以重启 Nagios!";
}
echo '<hr></pre>';
echo '<a href="main.php">返回首页</a>';
?>
```

附 录 7

读取配置文件代码：

```
<?php
include ("check_login.php");
?>
<html>
<head>
<title>文件浏览</title>
<meta http-equiv="Content-Type" content="text/html; charset=gb2312">
    <script src="jquery-1.2.1.min.js" type="text/javascript"></script>
    <script src="menu-collapsed.js" type="text/javascript"></script>
    <link rel="stylesheet" type="text/css" href="style.css" />
<style type="text/css">
<!--
.style1 {font-size: 12px}
.style2 {font-size: 14px}
-->
</style>
</head>
<body>
<br>
<table width="1344" border="1" align="center" cellpadding="0" cellspacing="0" bgcolor=
"#DDFBFA">
  <tr>
    <td width="1300" height="48" align="center"><span class="style2">读取指定文件的内容
</span></td>
  </tr>
  <tr>
    <td align="center"><textarea name="textarea" cols="150" rows="60"><?php
   $mulu=$_GET[mulu];  //获取文件的信息
   $filename=$_GET[filename];
   $type=$_GET[type];
//显示 PHP 文件的内容
   if(strtoupper($type)==".php"){
       readfile($mulu."/".$filename);
   }else{  //显示 txt 文件的内容
       $fp=fopen($mulu."/".$filename,"r");
   while($line=fgets($fp)){
       $line=htmlentities($line,ENT_COMPAT,"GB2312");
       echo $line; }
   fclose($fp); }  ?></textarea></td>
  </tr>
  <tr>
    <td align="center"><a href="listconfig.php" class="style1">返回配置文件列表</a>
</td>
  </tr>
</table>
</body>
</html>
```

附　录　8

故障记录源代码：

```
<?php session_start();
include ("check_login.php");
?>
<html>
<head>
<title>故障添加</title>
<style type="text/css">
        /* A few IE bug fixes */
        * { margin: 0; padding: 0; }
        * html ul ul li a { height: 100%; }
        * html ul li a { height: 100%; }
        * html ul ul li { margin-bottom: -1px; }
        body { padding-left: 10em; font-family: Arial, Helvetica, sans-serif; }
        #theMenu { width: 200px; height: 350px; margin: 30px 0; padding: 0; }
        /* Some list and link styling */
        ul li { width: 200px; }
        ul ul li { border-left: 25px solid #69c; padding: 0; width: 175px; margin-bottom: 0; }
        ul ul li a { display:block; color: #000; padding: 3px 6px; font-size: small; }
        ul ul li a:hover { display:block; color: #369; background-color: #eee; padding: 3px 8px;
font-size: small; }
        /* For the xtra menu */
        ul ul ul li { border-left: none; border-bottom: 1px solid #eee; padding: 0; width: 175px;
margin-bottom: 0; }
        ul ul ul li a { display:block; color: #000; padding: 3px 6px; font-size: small; }
        ul ul ul li a:hover { display:block; color: #369; background-color: #eee; padding: 3px
8px; font-size: small; }
        li { list-style-type: none; }
        h2 { margin-top: 1.5em; }
        /* Header links styling */
        h3.head a {
        color: #333;
        display:block;
        border-top: 1px solid #36a;
        border-right: 1px solid #36a;
        background: #ddd url(down.gif) no-repeat;
        background-position: 98% 50%;
        padding: 3px 6px;
        }
        h3.head a:hover {
        color: #000;
        background: #ccc url(down.gif) no-repeat;
        background-position: 98% 50%;
        }
        h3.selected a {
        background: #69c url(up.gif) no-repeat;
        background-position:98% 50%;
        color: #fff;
        padding: 3px 6px;
        }
        h3.selected a:hover {
```

```
            background: #69c url(up.gif) no-repeat;
            background-position:98% 50%;
            color: #36a;
            }
            /* Xtra Header links styling */
            h4.head a {
            color: #333;
            display:block;
            border-top: 1px solid #36a;
            border-right: 1px solid #36a;
            background: #eee url(down.gif) no-repeat;
            background-position: 98% 50%;
            padding: 3px 6px;
            }
            h4.head a:hover {
            color: #000;
            background: #ddd url(down.gif) no-repeat;
            background-position: 98% 50%;
            }
            h4.selected a {
            background: #6c9 url(up.gif) no-repeat;
            background-position:98% 50%;
            color: #fff;
            padding: 3px 6px;
            }
            h4.selected a:hover {
            background: #6c9 url(up.gif) no-repeat;
            background-position:98% 50%;
            color: #36a;
            }
        a:link {
        text-decoration: none;
        color: #000;
}
a:visited {
        text-decoration: none;
        color: #000;
}
a:hover {
        text-decoration: none;
}
a:active {
        text-decoration: none;
}
</style>
</head>
<body>
<script type="text/javascript" src="jquery.js"></script>
<script type="text/javascript" src="accordion.js"></script>
<script type="text/javascript">
jQuery().ready(function(){
```

```
    // applying the settings
    jQuery('#theMenu').Accordion({
        active: 'h3.selected',
        header: 'h3.head',
        alwaysOpen: false,
        animated: true,
        showSpeed: 400,
        hideSpeed: 800
    });
    jQuery('#xtraMenu').Accordion({
        active: 'h4.selected',
        header: 'h4.head',
        alwaysOpen: false,
        animated: true,
        showSpeed: 400,
        hideSpeed: 800
    });
});
</script>
<table width="1060px" border="0">
  <tr valign="top">
    <th colspan="2" align="center" scope="col" background="images/image01.jpg" style=
"height:59px" > </th>
  </tr>
  <tr valign="top">
    <th width="167px" align="left" scope="col" background="images/image03.jpg">
        <ul id="theMenu">
            <li>
                <h3 class="head"><a href="javascript:;" class="head">设备管理</a>
</h3>
                <ul>
                    <li><a href="addhost.php">添加设备</a></li>
                    <li><a href="deletehost.php">删除设备</a></li>
                    <li><a href="modifyhost.php">修改设备</a></li>
                </ul>
            </li>
            <li>
                <h3 class="head"><a href="javascript:;">组管理</a></h3>
                <ul>
                    <li>
                        <ul id="xtraMenu">
                            <li>
                                <h4 class="head"><a href="javascript:;">添加组</a>
</h4>
                                <ul>
                                    <li><a href="addhostgroup.php">添加设备组</a>
</li>
                                    <li><a href="addservicegroup.php">添加服务组
</a></li>
                                </ul>
                            </li>
```

```
                                        <li>
                                                <h4 class="head"><a href="javascript:;">修改组</a>
</h4>
                                                <ul>

                                                        <li><a href="modifygroupname.php">修改组名</a>
</li>
                                                        <li><a href="addtogroup.php">添加组中设备或服务
</a></li>
                                                        <li><a href="deletefromgroup.php">删除组中设备或
服务</a></li>
                                                </ul>
                                        </li>
                                </ul>
                        </li>
                        <li><a href="deletegroup.php">删除组</a></a></li>
                </ul>
        </li>
        <li>
                <h3 class="head"><a href="javascript:;">配置管理</a></h3>
                <ul>
                        <li><a href="listconfig.php">查看配置文件</a></li>
                </ul>
        </li>
        <li>
                <h3 class="head"><a href="javascript:;">Nagios 进程管理</a></h3>
                <ul>
                        <li><a href="nagios_check_config.php">Nagios 配置检查</a></li>
                        <li><a href="nagios_restart.php">Nagios 进程重启</a></li>
                </ul>
        </li>
        <li>
                <h3 class="head"><a href="javascript:;">故障记录与查询</a></h3>
                <ul>
                        <li><a href="GZRegio.php">故障登记</a></li>
                        <li><a href="SeachGZ.php">故障查询</a></li>
                </ul>
                </li>
        <li>
                <h3 class="head"><a href="javascript:;">短消息通知</a></h3>
                <ul>
                        <li><a href="index-multi.php">值班短消息通知</a></li>
                        <li><a href="index-multi.php">数据库备份短消息通知</a></li>
                        <li><a href="index-multi.php">周报、月报短消息通知</a></li>
                </ul>
                </li>
        <li>
                <h3 class="head"><a href="http://10.31.103.11/nagios">Nagios 网络管理
平台</a></h3>
                </li>
        <li>
```

```
            <h3 class="head"><a href="http://10.31.103.11/cacti">Cacti 网络管理平台
</a></h3>
            </li>
        <li>
            <h3 class="head"><a href="http://10.31.103.148:8888/login.do">Maxnet
网络管理平台</a></h3>
            </li>
        <li>
            <a href="index.php">退出登录</a>
            </li>
            </ul>
        </th>
    <th style="width:820px;height:580px" background-repeat:no-repeat;scope="col" background=
"images/image04.jpg"><form name="form1" method="post" action="GZDowith.php">
    <br><br><br><br>
<table width="78%" height="318"  align="center" cellpadding="0" cellspacing="0">
  <tr>
    <td width="2%" rowspan="9" align="center" valign="top"> </td>
    <td width="98%">故障发生时间:    <select  name="year1" size="1">
        <option  selected>请选择
        <option value="2011">2011
        <option value="2012">2012
        <option value="2013">2013
        <option value="2014">2014
        <option value="2015">2015
        <option value="2016">2016
        <option value="2017">2017
        <option value="2018">2018
        <option value="2019">2019
        <option value="2020">2020
        <option value="2021">2021
        <option value="2022">2022
        <option value="2023">2023
        <option value="2024">2024
        <option value="2025">2025
        <option value="2026">2026
        <option value="2027">2027
        <option value="2028">2028
        <option value="2029">2029
        <option value="2030">2030
    </select>年
    <select  name="month1" size="1">
        <option  selected>请选择
        <option value="1">1
        <option value="2">2
        <option value="3">3
        <option value="4">4
        <option value="5">5
        <option value="6">6
        <option value="7">7
```

```
        <option value="8" > 8
        <option value="9" > 9
        <option value="10" > 10
        <option value="11" > 11
        <option value="12" > 12
    </select >月
    < select    name="date1" size="1">
        <option    selected>请选择
        <option value="1" > 1
        <option value="2" > 2
        <option value="3" > 3
        <option value="4" > 4
        <option value="5" > 5
        <option value="6" > 6
        <option value="7" > 7
        <option value="8" > 8
        <option value="9" > 9
        <option value="10" > 10
        <option value="11" > 11
        <option value="12" > 12
        <option value="13" > 13
        <option value="14" > 14
        <option value="15" > 15
        <option value="16" > 16
        <option value="17" > 17
        <option value="18" > 18
        <option value="19" > 19
        <option value="20" > 20
        <option value="21" > 21
        <option value="22" > 22
        <option value="23" > 23
        <option value="24" > 24
        <option value="25" > 25
        <option value="26" > 26
        <option value="27" > 27
        <option value="28" > 28
        <option value="29" > 29
        <option value="30" > 30
        <option value="31" > 31
    </select >日
    < select    name="time1" size="1">
        <option    selected>请选择
        <option value="0" > 0
        <option value="1" > 1
        <option value="2" > 2
        <option value="3" > 3
        <option value="4" > 4
        <option value="5" > 5
        <option value="6" > 6
        <option value="7" > 7
        <option value="8" > 8
```

```
    <option value="9">9
    <option value="10">10
    <option value="11">11
    <option value="12">12
    <option value="13">13
    <option value="14">14
    <option value="15">15
    <option value="16">16
    <option value="17">17
    <option value="18">18
    <option value="19">19
    <option value="20">20
    <option value="21">21
    <option value="22">22
    <option value="23">23
</select>时
    <select  name="minute1" size="1">
    <option  selected>请选择
    <option value="0">0
    <option value="1">1
    <option value="2">2
    <option value="3">3
    <option value="4">4
    <option value="5">5
    <option value="6">6
    <option value="7">7
    <option value="8">8
    <option value="9">9
    <option value="10">10
    <option value="11">11
    <option value="12">12
    <option value="13">13
    <option value="14">14
    <option value="15">15
    <option value="16">16
    <option value="17">17
    <option value="18">18
    <option value="19">19
    <option value="20">20
    <option value="21">21
    <option value="22">22
    <option value="23">23
    <option value="24">24
    <option value="25">25
    <option value="26">26
    <option value="27">27
    <option value="28">28
    <option value="29">29
    <option value="30">30
    <option value="31">31
    <option value="32">32
```

```
            <option value="33">33
            <option value="34">34
            <option value="35">35
            <option value="36">36
            <option value="37">37
            <option value="38">38
            <option value="39">39
            <option value="40">40
            <option value="41">41
            <option value="42">42
            <option value="43">43
            <option value="44">44
            <option value="45">45
            <option value="46">46
            <option value="47">47
            <option value="48">48
            <option value="49">49
            <option value="50">50
            <option value="51">51
            <option value="52">52
            <option value="53">53
            <option value="54">54
            <option value="55">55
            <option value="56">56
            <option value="57">57
            <option value="58">58
            <option value="59">59
        </select>分(*)
    </tr>
    <tr>
        <td>故障结束时间:   <select  name="year2" size="1">
            <option  selected>请选择
            <option value="2011">2011
            <option value="2012">2012
            <option value="2013">2013
            <option value="2014">2014
            <option value="2015">2015
            <option value="2016">2016
            <option value="2017">2017
            <option value="2018">2018
            <option value="2019">2019
            <option value="2020">2020
            <option value="2021">2021
            <option value="2022">2022
            <option value="2023">2023
            <option value="2024">2024
            <option value="2025">2025
            <option value="2026">2026
            <option value="2027">2027
            <option value="2028">2028
            <option value="2029">2029
```

```
    <option value="2030" >2030
</select>年
    <select  name="month2" size="1">
    <option  selected>请选择
    <option value="1" >1
    <option value="2" >2
    <option value="3" >3
    <option value="4" >4
    <option value="5" >5
    <option value="6" >6
    <option value="7" >7
    <option value="8" >8
    <option value="9" >9
    <option value="10" >10
    <option value="11" >11
    <option value="12" >12
</select>月
<select  name="date2" size="1">
    <option  selected>请选择
    <option value="1" >1
    <option value="2" >2
    <option value="3" >3
    <option value="4" >4
    <option value="5" >5
    <option value="6" >6
    <option value="7" >7
    <option value="8" >8
    <option value="9" >9
    <option value="10" >10
    <option value="11" >11
    <option value="12" >12
    <option value="13" >13
    <option value="14" >14
    <option value="15" >15
    <option value="16" >16
    <option value="17" >17
    <option value="18" >18
    <option value="19" >19
    <option value="20" >20
    <option value="21" >21
    <option value="22" >22
    <option value="23" >23
    <option value="24" >24
    <option value="25" >25
    <option value="26" >26
    <option value="27" >27
    <option value="28" >28
    <option value="29" >29
    <option value="30" >30
    <option value="31" >31
</select>日
```

```
<select  name="time2" size="1">
    <option  selected>请选择
    <option value="0" >0
    <option value="1" >1
    <option value="2" >2
    <option value="3" >3
    <option value="4" >4
    <option value="5" >5
    <option value="6" >6
    <option value="7" >7
    <option value="8" >8
    <option value="9" >9
    <option value="10" >10
    <option value="11" >11
    <option value="12" >12
    <option value="13" >13
    <option value="14" >14
    <option value="15" >15
    <option value="16" >16
    <option value="17" >17
    <option value="18" >18
    <option value="19" >19
    <option value="20" >20
    <option value="21" >21
    <option value="22" >22
    <option value="23" >23
</select>时
    <select  name="minute2" size="1">
    <option  selected>请选择
    <option value="0" >0
    <option value="1" >1
    <option value="2" >2
    <option value="3" >3
    <option value="4" >4
    <option value="5" >5
    <option value="6" >6
    <option value="7" >7
    <option value="8" >8
    <option value="9" >9
    <option value="10" >10
    <option value="11" >11
    <option value="12" >12
    <option value="13" >13
    <option value="14" >14
    <option value="15" >15
    <option value="16" >16
    <option value="17" >17
    <option value="18" >18
    <option value="19" >19
    <option value="20" >20
    <option value="21" >21
```

```
            <option value="22" >22
            <option value="23" >23
            <option value="24" >24
            <option value="25" >25
            <option value="26" >26
            <option value="27" >27
            <option value="28" >28
            <option value="29" >29
            <option value="30" >30
            <option value="31" >31
            <option value="32" >32
            <option value="33" >33
            <option value="34" >34
            <option value="35" >35
            <option value="36" >36
            <option value="37" >37
            <option value="38" >38
            <option value="39" >39
            <option value="40" >40
            <option value="41" >41
            <option value="42" >42
            <option value="43" >43
            <option value="44" >44
            <option value="45" >45
            <option value="46" >46
            <option value="47" >47
            <option value="48" >48
            <option value="49" >49
            <option value="50" >50
            <option value="51" >51
            <option value="52" >52
            <option value="53" >53
            <option value="54" >54
            <option value="55" >55
            <option value="56" >56
            <option value="57" >57
            <option value="58" >58
            <option value="59" >59
        </select>分
        </td>
        </tr>
    <tr>
        <td>故障地点：     
          <input name="location" type="text"></td>
    </tr>
    <tr>
        <td>故障类型：<input name="line" type="checkbox" >线路
          <input name="device" type="checkbox" >设备
        <input name="power" type="checkbox" >电源
        <input name="other" type="checkbox">其他
        </td>
```

```
  </tr>
  <tr>
    <td>故障现象及处理过程: </td>
    </tr>
  <tr>
    <td><textarea  style="width:100%; height:100px" rows="5"  name="DealWith">
</textarea></td>
  </tr>
  <tr>
    <td>故障处理人员:    <input name="Operator" type="text">  (*)
</td>
    </tr>
  <tr>
    <td>故障是否结单:
      <input name="yesorno" type="radio" value="1">是
      <input name="yesorno" type="radio"  value="0">否  (*)
    </td>
  </tr>
  <tr>
    <td align="right"><input name="submit" type="submit" value="提交">
     <input name="重置" type="reset" value="重置"></td>
  </tr>
</table>
</form></th>
  </tr>
  <tr>
  <th colspan="2" scope="col" background="images/image08.jpg" style="height:50px">
 </th>
  </tr>
</table>
</body>
</html>
```

附 录 9

部分 Matlab 仿真源代码:

```
%% 采用 20×20 的环境,划分三个烈度区,CI 值分别为 10,20,30,两种移动模型下救援人员都为
100 人.
%% 比较两种移动模型下 CI 值为 30 的区域救援完成所需时间;
%% 比较两种移动模型下整个受灾区域救援完成所需时间;
%% 比较两种移动模型下整个受灾区域 CI 值随时间变化趋势.
%% 场景设置:
%% 以中间节点为中心,进行 CI 值设置
%% 20×20 的矩阵
%% 绘制二维高斯曲面
%% 公式: p(z) = exp(-(z-u)^2)/(2*d^2)/(sqrt(2*pi)*d)
% u=[-10:0.1:10];
% v=[-10:0.1:10];
% [U,V]=meshgrid(u,v);
```

```
% H=exp(-(U.^2+V.^2)./2/3^2);
% mesh(u,v,H); %绘制三维曲面的函数
% title('高斯函数曲面');
clear
clc
x=[-10:1:9];
y=x;
X=meshgrid(x,y);
a=X;
%20x20
for i=1:5
    for j=1:20
        a(i,j)=10;
    end
end
for i=16:20
    for j=1:20
        a(i,j)=10;
    end
end
for j=1:5
    for i=1:20
        a(i,j)=10;
    end
end
for j=16:20
    for i=1:20
        a(i,j)=10;
    end
end
for i=6:8
    for j=6:15
        a(i,j)=20;
    end
end
for i=13:15
    for j=6:15
        a(i,j)=20;
    end
end
for j=6:8
    for i=9:12
        a(i,j)=20;
    end
end
for j=13:15
    for i=9:12
        a(i,j)=20;
    end
end
for i=9:12
```

```
        for j=9:12
            a(i,j)=30;
        end
end
a
% o=a;
%% surf(x,y,a); %绘制三维曲面的函数
%% shading interp
%% title('地震灾害图');
%% 假设救援总人数 m=100
%% 第一种救援方案
% b=ones(20);
% people=zeros(20);
% people(1,1)=100;
r=10;
s=20;
%% 计算时间
%% 假设一格运行单位时间是 r=10min,救援单位时间是 s=20min,救援时间与 CI 关系 t=s*
CI/people
% tma(1,1)=s*a(1,1)/people(1,1);
% tmaa(1,1)=s*a(1,1)/people(1,1);
% m(1,1)=50;
% n(1,1)=50;
% b(1,1)=0;
% people(1,2)=people(1,1)/2;
% people(2,1)=people(1,1)/2;
% m(1,2)=25;
% n(1,2)=25;
% m(2,1)=25;
% n(2,1)=25;
% tmaa(1,2)=r+s*a(1,2)/people(1,2);
% tmaa(2,1)=r+s*a(2,1)/people(2,1);
% tma(1,2)=r+s*a(1,2)/people(1,2)+tma(1,1);
% tma(2,1)=r+s*a(2,1)/people(2,1)+tma(1,1);
% b(1,2)=0;
% b(2,1)=0;
% people(1,3)=people(1,2)/2;
% people(2,2)=people(1,2)/2+people(2,1)/2;
% people(3,1)=people(2,1)/2;
% m(1,3)=25;
% n(1,3)=0;
% m(2,2)=25;
% n(2,2)=25;
% m(3,1)=0;
% n(3,1)=25;
% tmaa(1,3)=r+s*a(1,3)/people(1,3);
% tmaa(2,2)=r+s*a(2,2)/people(2,2);
% tmaa(3,1)=r+s*a(3,1)/people(3,1);
% tma(1,3)=r+s*a(1,3)/people(1,3)+tma(1,2);
% tma(2,2)=r+s*a(2,2)/people(2,2)+tma(1,2);
% tma(3,1)=r+s*a(3,1)/people(3,1)+tma(2,1);
```

```
% b(1,3)=0;
% b(2,2)=0;
% b(3,1)=0;
% m=zeros(20);
% n=zeros(20);
% g=zeros(20);
% z=zeros(20);
% for k=3:19
%     for i=1:k
%         j=k-i+1;
%         if i==1
%             if  tma(i,j)>tma(i+1,j-1)
%                 m(i,j)=people(i,j);
%                 n(i,j)=0;
%             else
%                 m(i,j)=round(people(i,j)/2);
%                 n(i,j)=people(i,j)-round(people(i,j)/2);
%             end
%         else
%             if j==1
%                 if tma(i,j)>tma(i-1,j+1)
%                     m(i,j)=0;
%                     n(i,j)=people(i,j);
%                 else
%                     m(i,j)=round(people(i,j)/2);
%                     n(i,j)=people(i,j)-round(people(i,j)/2);
%                 end
%             else
%                 if tma(i,j)<=tma(i-1,j+1) & tma(i,j)<=tma(i+1,j-1)
%                     m(i,j)=round(people(i,j)/2);
%                     n(i,j)=people(i,j)-round(people(i,j)/2);
%                 else
%                     if tma(i,j)>tma(i-1,j+1) & tma(i,j)<=tma(i+1,j-1)
%                         m(i,j)=0;
%                         n(i,j)=people(i,j);
%                     else
%                         if tma(i,j)<=tma(i-1,j+1) & tma(i,j)>tma(i+1,j-1)
%                             m(i,j)=people(i,j);
%                             n(i,j)=0;
%                         else
%                             h=max(tma(i-1,j+1),tma(i+1,j-1));
%                             if h==tma(i-1,j+1)
%                                 m(i,j)=people(i,j);
%                                 n(i,j)=0;
%                                 z(i,j)=-1;
%                             else
%                                 m(i,j)=0;
%                                 n(i,j)=people(i,j);
%                                 g(i,j)=-1;
%                             end
%                         end
```

```
%                       end
%                    end
%                 end
%              end
%           end
%           for i=1:k+1
%               j=k+2-i;
%               if i==1
%                   people(i,j)=m(i,j-1);
%               else
%                   if j==1
%                       people(i,j)=n(i-1,j);
%                   else
%                       people(i,j)=m(i,j-1)+n(i-1,j);
%                   end
%               end
%           end
%           for i=1:k+1
%               j=k+2-i;
%%                 tmaa(i,j)=r+s*a(i,j)/people(i,j);
%%                 tma(i,j)=r+s*a(i,j)/people(i,j);
%               if i==1
%                   tmaa(i,j)=r+s*a(i,j)/people(i,j);
%                   tma(i,j)=r+s*a(i,j)/people(i,j)+tma(i,j-1);
%               else
%                   if j==1
%                       tmaa(i,j)=r+s*a(i,j)/people(i,j);
%                       tma(i,j)=r+s*a(i,j)/people(i,j)+tma(i-1,j);
%                   else
%                       if (m(i,j-1)==0)
%                           tmaa(i,j)=r+s*a(i,j)/people(i,j);
%                           tma(i,j)=r+s*a(i,j)/people(i,j)+tma(i-1,j);
%                       else
%                           if z(i,j-1)==-1
%                                       tmaa(i,j)=s*(a(i,j)-(tma(i,j-1)-tma(i-1,j))*
(people(i,j)-m(i,j-1))/s)/people(i,j)+r;
%                               if tmaa(i,j)<0
%                                   tmaa(i,j)=s*a(i,j)/(people(i,j)-m(i,j-1))+r;
%                               end
%                               tma(i,j)=tmaa(i,j)+tma(i,j-1);
%%                                  tma(i,j)=s*(a(i,j)-(tma(i,j-1)-tma(i-1,j))*
(people(i,j)-m(i,j-1))/s)/people(i,j)+r+tma(i,j-1);
%                           else
%                               if g(i-1,j)==-1
%%                                          tma(i,j)=s*(a(i,j)-(tma(i-1,j)-tma(i,j-1))
*(people(i,j)-m(i,j-1))/s)/people(i,j)+r+tma(i-1,j);
%                                       tmaa(i,j)=s*(a(i,j)-(tma(i-1,j)-tma(i,j-1))*
(people(i,j)-n(i-1,j))/s)/people(i,j)+r;
%                                   if tmaa(i,j)<0
%                                       tmaa(i,j)=s*a(i,j)/(people(i,j)-n(i-1,j))+r;
%                                   end
```

```
%                                 tma(i,j)=tmaa(i,j)+tma(i-1,j);
%                             else
%                                 tmaa(i,j)=r+s*a(i,j)/people(i,j);
%                                 tma(i,j)=r+s*a(i,j)/people(i,j)+tma(i,j-1);
%                             end
%                         end
%                     end
%                 end
%             end
%     end
% end
%
% for k=1:20
%     j=21;
%     for i=k:20
%         j=j-1;
%         if j==20
%             m(i,j)=0;
%             n(i,j)=people(i,j);
%         else
%             if i==20
%                 m(i,j)=people(i,j);
%                 n(i,j)=0;
%             else
%                 if (tma(i,j)<=tma(i-1,j+1)) &(tma(i,j)>tma(i+1,j-1))
%                     m(i,j)=people(i,j);
%                     n(i,j)=0;
%                 else
%                     if (tma(i,j)<=tma(i-1,j+1)) &(tma(i,j)<=tma(i+1,j-1))
%                         m(i,j)=round(people(i,j)/2);
%                         n(i,j)=people(i,j)-round(people(i,j)/2);
%                     else
%                         if (tma(i,j)>tma(i-1,j+1)) &(tma(i,j)<tma(i+1,j-1))
%                             m(i,j)=0;
%                             n(i,j)=people(i,j);
%                         else
%                             h=max(tma(i-1,j+1),tma(i+1,j-1));
%                             if h==tma(i-1,j+1)
%                                 m(i,j)=people(i,j);
%                                 n(i,j)=0;
%                                 z(i,j)=-1;
%                             else
%                                 m(i,j)=0;
%                                 n(i,j)=people(i,j);
%                                 g(i,j)=-1;
%                             end
%                         end
%                     end
%                 end
%             end
%         end
```

```
%       end
%       j=21;
%       for i=(k+1):20
%           j=j-1;
%           people(i,j)=m(i,j-1)+n(i-1,j);
%       end
%       j=21;
%       for i=(k+1):20
%             j=j-1;
%             if m(i,j-1)==0 & g(i-1,j)~=-1
%                  tmaa(i,j)=r+s*a(i,j)/people(i,j);
%                  tma(i,j)=r+s*a(i,j)/people(i,j)+tma(i-1,j);
%             else
%                  if z(i,j-1)==-1
%                       tmaa(i,j)=s*(a(i,j)-(tma(i,j-1)-tma(i-1,j))*(people(i,j)-m(i,j
-1))/s)/people(i,j)+r;
%                       if tmaa(i,j)<0
%                            tmaa(i,j)=s*a(i,j)/(people(i,j)-m(i,j-1))+r;
%                       end
%                       tma(i,j)=tmaa(i,j)+tma(i,j-1);
%                  else
%                       if g(i-1,j)==-1
%                            tmaa(i,j)=s*(a(i,j)-(tma(i-1,j)-tma(i,j-1))*(people(i,j)-n
(i-1,j))/s)/people(i,j)+r;
%                            if tmaa(i,j)<0
%                                 tmaa(i,j)=s*a(i,j)/(people(i,j)-n(i-1,j))+r;
%                            end
%                            tma(i,j)=tmaa(i,j)+tma(i-1,j);
%%                           tma(i,j)=s*(a(i,j)-(tma(i-1,j)-tma(i,j-1))*(people(i,j)-m
(i,j-1))/s)/people(i,j)+r+tma(i-1,j);
%                       else
%                            tmaa(i,j)=r+s*a(i,j)/people(i,j);
%                            tma(i,j)=r+s*a(i,j)/people(i,j)+tma(i,j-1);
%                       end
%                  end
%             end
%       end
% end
% tma
% tmaa
% m
% n
% people
%
% g
% z
%
%% CI 为 30 时的救援时间
% CIma=tma(9:12,9:12);
% X=16:-1:1;
% Y=sort(reshape(CIma,1,16))
```

```
% plot(Y,X)
%
% 比较两种移动模型下整个受灾区域救援完成所需时间;
% Y=sort(reshape(tma,1,400))
% X=400:-1:1;
% plot(Y,X);
%
%%% 比较两种移动模型下整个受灾区域CI值随时间变化趋势.
%% rtma=rot90(tma)
%%   for i=-19:19
%%         ptma(20+i)=max(diag(rtma,i));
%%   end
%% neptma=sort(ptma)
%% for i=1:39
%%       for q=1:20
%%             for w=1:20
%%                   if tma(q,w)<=neptma(i)
%%                         o(q,w)=0;
%%                   end
%%             end
%%       end
%%       ptsum(i)=sum(sum(o));
%% end
%% ptsum
%% plot(neptma,ptsum)
%
```

附　录　10

Matlab 仿真实验中部分代码:

```
%%n=100 死亡节点
% a=[0,……,91;]
%%n=300 死亡节点
% b=[0,……,294;]
%%n=500 死亡节点
% c=[0,……,492;]
%%n=10000 死亡节点
% d=[0,……,957;]
%%剩余节点数目
% e=100.-a;
% f=300.-b;
% g=500.-c;
% h=1000.-d;
r=1:5000;
%%第一张图
% plot(r,e,r,f,r,g,r,h)
%
%%%%%%%%%%%%%%%%%%%%第二张图%%%%%%%%%%%%%%%%%
```

```
%%leach 算法剩余节点
% j=[100,……,0;]
%%aodv 死亡节点
% k=[0,……,91;]
%%aodv 剩余节点
% l=100.-k;
% plot(r,e,r,l,r,j)
%%%%%%%%%%%%%%%%%%第三张图%%%%%%%%%%%%%%%%%%%%%%%%%%
%本章算法 packets to BS
m=[68,……,0;]
y=zeros(1,5000);
z=zeros(1,5000);
%aodv packets to BS
n=[100,……,0;]
%packet to BS leach 协议
o=[920,……,18919;]
%数据传输对比
% for oo=1:5000
%     for p=1:oo
%         y(oo)=y(oo)+m(p);
%         z(oo)=z(oo)+n(p);
%     end
% end
%plot(r,y,r,z,r,o)
q(1)=9;
for oo=2:1:5000
    q(oo)=o(oo+1)-o(oo);
end
%数据传输到达率
%本算法
y=m./100;
%aodv
z=n./100;
%leach
qq=q./100;
plot(r,y,r,z,r,qq)
```

附 录 11

NS2 仿真实验中部分代码：

```
#=====================================================
#       Simulation parameters setup
#=====================================================
#Phy/WirelessPhy set RXThresh_ 8.9175e-10   ;#Receive Power Threshold #200m
#Phy/WirelessPhy set RXThresh_ 2.8184e-9    ;#Receive Power Threshold #150m
#Phy/WirelessPhy set RXThresh_ 1.4268e-8    ;#Receive Power Threshold #100m
set val(chan)   Channel/WirelessChannel      ;# channel type
set val(prop)   Propagation/TwoRayGround     ;# radio-propagation model
```

```
set val(netif)    Phy/WirelessPhy              ;# network interface type
set val(mac)      Mac/802_11                   ;# MAC type
set val(ifq)      Queue/DropTail/PriQueue      ;# interface queue type
#set val(ifq)     CMUPriQueue                  ;# interface queue type(if DSR)
set val(ll)       LL                           ;# link layer type
set val(ant)      Antenna/OmniAntenna          ;# antenna model
set val(ifqlen)   50                           ;# max packet in ifq
set val(nn)       30                           ;# number of mobilenodes
set val(rp)       AODV                         ;# routing protocol
set val(x)        1000                         ;# X dimension of topography
set val(y)        1000                         ;# Y dimension of topography
set val(stop)     85                           ;# time of simulation end   ##70/80
set val(cp)       "ourscbr30"                  ;# cbr file
set val(sc)       "scen30"                     ;# scenario file
#=======================================
#       Initialization
#=======================================
#Create a ns simulator
set ns_ [new Simulator]

#Setup topography object
set topo        [new Topography]
$topo load_flatgrid $val(x) $val(y)
create-god $val(nn)

#Open the NS trace file
set tracefile [open OUT.tr w]
$ns_ trace-all $tracefile

#Open the NAM trace file
set namfile [open OUT.nam w]
$ns_ namtrace-all $namfile
$ns_ namtrace-all-wireless $namfile $val(x) $val(y)
set chan [new $val(chan)];#Create wireless channel

#=======================================
#     Mobile node parameter setup
#=======================================
$ns_ node-config -adhocRouting    $val(rp) \
                 -llType          $val(ll) \
                 -macType         $val(mac) \
                 -ifqType         $val(ifq) \
                 -ifqLen          $val(ifqlen) \
                 -antType         $val(ant) \
                 -propType        $val(prop) \
                 -phyType         $val(netif) \
                 -channel         $chan \
                 -topoInstance    $topo \
                 -agentTrace      ON \
                 -routerTrace     ON \
                 -macTrace        ON \
```

```
                -movementTraceON
#=======================================
#           Nodes Definition      Generate movement
#=======================================
for {set i 0} {$i < $val(nn) } {incr i} {
        set node_($i) [$ns_ node]
        $node_($i) random-motion 0
}
puts "Loading connection pattern..."
source $val(cp)
puts "Loading scenario file..."
source $val(sc)
#
for {set i 0} {$i < $val(nn)} {incr i} {
    $ns_ initial_node_pos $node_($i) 20
}
#=======================================
#           Termination
#=======================================
#Define a 'finish' procedure
proc finish {} {
     global ns_ tracefile namfile val
     $ns_ at $val(stop) "$ns_ nam-end-wireless $val(stop)"
     $ns_ flush-trace
     close $tracefile
     close $namfile
     exec nam OUT.nam &
     exit 0
}
for {set i 0} {$i < $val(nn) } { incr i } {
     $ns_ at $val(stop) "\$node_($i) reset"
}
#$ns at $val(stop) "$ns nam-end-wireless $val(stop)"
$ns_ at $val(stop) "finish"
$ns_ at $val(stop) "puts \"done\" ; $ns_ halt"
$ns_ run
```

附　录　12

```
%rand('state',0)
clear
clc
m=5;
tj=6%1,2,4,8;
pltotal=5;
plmax=1;
K1=0.2;
K2=3;
beta0=2.6;
```

```
beta1=1;
f=230;
l=20;
fei=0.005;
N0=3.98*10^(-12);
b=100;
fai=60;
sita=3;%3%%%%%%%%%%%%%%%%%%%%%%%%%%%%%%%%%%%%%30
%sita2=5;
lambda=0.8;
afa1=3;
afa2=2.5;
n=0.005377;%%%%%%%%%%%%%%%%%%%%%%%%%%%%%%%%%%%%%
%%%%%%%%%%1.7200e-8;%
Fs=9600
Ts=1/(Fs);                              %采样间隔
Fd=0;                                   %Doppler 频偏,以 Hz 为单位
tau=0;                                  %多径延时,以 s 为单位
pdf=1;                                  %各径功率,以 dB 位单位
%h=rayleighchan(Ts,Fd,tau,pdf);         %信道 rayleigh
%h=ricianchan(Ts,Fd,tau,pdf);           %信道 rician
%  D=500%/1000
%  d1 =[ 50  196.457 524 0  310.6652    317.674 245 0]%/1000
%%%%%     d2=[ 497.4937  459.7874  438.6342  391.7743  386.1128  217.9449]/1000
%  Hs=[ 0.0009    0.0025    0.0052    0.0097    0.0174    0.0305]
%  Hs=[ 0.0928    0.2503    0.5176    0.9713]
% D=1000%/1000
%  d1 =[43.9298    240    312.2166    450    752.182 594 0]%/1000
%% d2 =[999.0346  970.7729  950.0109   893.0286  658.9548  341.1744]/1000
%%Hs=1.0e-09 *[ 0.1641     0.2133     0.2281   0.2325    0.2338  0.2342]
% D=1500%/1000
% d1 =[ 126       392        450        969    1276.9364 1440 ]%/1000
%% d2 =1.0e+03 *[ 1.4947     1.4479     1.4309   1.1450     0.7870  0.4200]/1000
% Hs=1.0e-10 *[0.5954     0.6602     0.6673     0.6681     0.6681     0.6682]
  D=2000%/1000
  d1 =1.0e+03 *[ 0.0578        0.2733        0.2062       0.45    1.8037      1.6308]%/1000
%%% d2 =1.0e+03 *[1.9992     1.9812     1.9893     1.9487     0.8641      1.1578]/1000
% D=5000/1000
% d1=1.0e+03 *[ 0.0578      0.8733      1.8037      2.8037      3.8037      4.6308]/1000
% Hs=1.0e-10 *[0.2901      0.3054      0.3062      0.3063      0.3063      0.3063]
% Hs(1)=0;%sqrt(1-lambda^2)*n/(D^(afa2)-lambda);
% for i=2:m
% v=20*rand(1)-10;
% D(i)=min(max(D(i-1)+fai*v,50),500);
% end
%d1(1)=sqrt(2*(1-cos(pi*rand(1))))*D(1)/2;
  for i=1:m
  d2(i)=sqrt(D^2-d1(i)^2)%/1000;
```

```
  end
      for i=1:m
            tt=max(i-1,1);
        Hs(i)=(Hs(tt) * lambda+sqrt(1-lambda^2) * n)/D^afa2;
%%%%%%%%%%% d1(i)=sqrt(2 * (1-cos(pi * rand(1)))) * D(i)/2;
%%%%%%%%%%% d2(i)=sqrt(D(i)^2-d1(i)^2);
          end
for i=1:m
for j=1:tj
PL(i,j)=2^(j-1);%max(((2^(2^(j-1))-1) * Hs(i) * K2^(-1) * log(K1/fei))/sita^2-N0,0);
%max(((2^j-1) * Hs(i) * K2^(-1) * log(K1/fei))/sita^2-N0,0);
end
end
%policy selection (1~m:1,1,1,1,2)
%policy selection
a0=[1 2 3 4]
for j=1:m
    policy(j,:)=a0;
end
%total policy
 tPolicy = zeros(m,4^m);
 for i = 1:m
      tPolicy(i,:) = reshape(repmat(policy(i,:),[4^(m-i),4^(i-1)]),1,4^m); % 把元素按行排整齐:-)
 end
  dP = zeros(m,tj^m);
 for i = 1:m
      dP(i,:) = reshape(repmat(PL(i,:),[tj^(m-i),tj^(i-1)]),1,tj^m); % 把元素按行排整齐:-)
 end
dP_sum = sum(dP); % 求和后的结果
ldP=length(dP_sum);
tpolength=length(tPolicy);
FINAPL=zeros(m,tpolength);
pfpacket=zeros(m,tpolength);
%Nakagami-m 信道衰落模型:m=1 时,退化为瑞利衰落;近似为衰落参数为 K 的瑞利衰落;变 m 的值,Nakagami 衰落还可以转变为多种衰落模型.取\lambda=0.3
%weibull 信道取\lambda=0.5,通过瑞利信道获取
    %h=rayleighchan(Ts,Fd,tau,pdf);   %信道 rayleigh
    h=ricianchan(Ts,Fd,tau,pdf);
     He(1)= real(h.PathGains);
   %h=rayleighchan(Ts,Fd,tau,pdf);
   h=ricianchan(Ts,Fd,tau,pdf);
      Hj(1)= real(h.PathGains);
for iii=1:ldP
    lsum=zeros(1,tpolength);
for ii=1:tpolength
a=tPolicy(:,ii);
for i=1:m
```

```
    tt=max(i-1,1);
    if a(i)==1
   He(i)=(lambda * He(tt)+n * sqrt(1-lambda^2))/d1(i)^afa1;
       Hj(i)=(lambda * Hj(tt)+n * sqrt(1-lambda^2))/d1(i)^afa1;%10^(-8);
   Pe(i)=sqrt(K2^(-1) * log(K1/fei) * (2^dP(i,iii)-1) * N0/He(i));
   Pj(i)=sqrt(K2^(-1) * log(K1/fei) * (2^dP(i,iii)-1) * N0/Hj(i));
%      if FPL(i,ii)> min(plmax,((2^8-1) * Hs(i) * K2^(-1) * log(K1/fei))/sita^2-N0) |
FPL(i,ii)<(Hs(i) * K2^(-1) * log(K1/fei))/sita^2-N0
%            FPL(i,ii)=0; %FFPL(jj,i)=0;
%      end
%      if FPL(i,ii)==0;
%            Hj(i)=0;
%            He(i)=0;
%      end
    end
   if a(i)==2
       He(i)=(lambda * He(tt)+n * sqrt(1-lambda^2))/d1(i)^afa1;
       Hj(i)=(lambda * Hj(tt)+n * sqrt(1-lambda^2))/d2(i)^afa1;%10^(-8);
       Pe(i)=sqrt(K2^(-1) * log(K1/fei) * (2^dP(i,iii)-1) * N0/He(i));
       Pj(i)=sqrt(K2^(-1) * log(K1/fei) * (2^dP(i,iii)-1) * N0/Hj(i));
   %FPL(i,ii)=Pe(i)+Pj(i);
%      if FPL(i,ii)> min(plmax,((2^8-1) * Hs(i) * K2^(-1) * log(K1/fei))/sita^2-N0) |
FPL(i,ii)<(Hs(i) * K2^(-1) * log(K1/fei))/sita^2-N0
%            FPL(i,ii)=0; %FFPL(jj,i)=0;
%      end
%      if FPL(i,ii)==0;
%            Hj(i)=0;
%            He(i)=0;
%      end
   end
    if a(i)==3
             He(i)=(lambda * He(tt)+n * sqrt(1-lambda^2))/d2(i)^afa1;
             Hj(i)=(lambda * Hj(tt)+n * sqrt(1-lambda^2))/d2(i)^afa1;
             Pe(i)=sqrt(K2^(-1) * log(K1/fei) * (2^dP(i,iii)-1) * N0/He(i));
             Pj(i)=sqrt(K2^(-1) * log(K1/fei) * (2^dP(i,iii)-1) * N0/Hj(i));

%      if FPL(i,ii)> min(plmax,((2^8-1) * Hs(i) * K2^(-1) * log(K1/fei))/sita^2-N0) |
FPL(i,ii)<(Hs(i) * K2^(-1) * log(K1/fei))/sita^2-N0
%            FPL(i,ii)=0; %FFPL(jj,i)=0;
%      end
%      if FPL(i,ii)==0;
%            Hj(i)=0;
%            He(i)=0;
%      end
    end
    if a(i)==4
                He(i)=(lambda * He(tt)+n * sqrt(1-lambda^2))/d2(i)^afa1;
                Hj(i)=(lambda * Hj(tt)+n * sqrt(1-lambda^2))/d1(i)^afa1;
```

```
                    Pe(i)=sqrt(K2^(-1) * log(K1/fei) * (2^dP(i,iii)-1) * N0/He(i));
                    Pj(i)=sqrt(K2^(-1) * log(K1/fei) * (2^dP(i,iii)-1) * N0/Hj(i));
%       if FPL(i,ii)> min(plmax,((2^8-1) * Hs(i) * K2^(-1) * log(K1/fei))/sita^2-N0) |
FPL(i,ii)<(Hs(i) * K2^(-1) * log(K1/fei))/sita^2-N0
%           FPL(i,ii)=0; %FFPL(jj,i)=0;
%       end
%       if FPL(i,ii)==0;
%           Hj(i)=0;
%           He(i)=0;
%       end
      end
      FPL(i,ii)=Pe(i)+Pj(i);
      if FPL(i,ii)> min(plmax,((2^32-1) * Hs(i) * K2^(-1) * log(K1/fei))/sita^2-N0) |
FPL(i,ii)<(Hs(i) * K2^(-1) * log(K1/fei))/sita^2-N0
          FPL(i,ii)=0; %FFPL(jj,i)=0;
          Pe(i)=0;
          Pj(i)=0;
     end
     if FPL(i,ii)==0;
          Hj(i)=0;
          He(i)=0;
     end
     if Pj(i)==0
          Hj(i)=0;
     else
         Hj(i)=sqrt(K2^(-1) * log(K1/fei) * (2^dP(i,iii)-1) * N0/Pj(i));
     end
       He(i,ii)=He(i);
       Hj(i,ii)=Hj(i);
end
if sum(FPL(:,ii))<=pltotal
          for j=1:m
          lsum(ii)=lsum(ii)+(1-0.5 * exp(beta1-beta0 * (sita * sqrt(((Hj(j,ii)+He(j,ii))/
Hs(j)) * (1+(FPL(j,ii)/N0))))))^(8 * (2 * f-1));
        % lsum(ii)=lsum(ii)+(1-0.5 * exp(beta1-beta0 * 10 * log10(sita * sqrt((N0+FPL(j,
ii))/Hs(j)/N0))))^(8 * (2 * f-1));
               bpaket(j,ii)=lsum(ii) * b;
          end
end
end
[msum mpos]=max(lsum);                                %找出策略 ii 下的最优 PL 值,bsum 最大
weizh=find(lsum==msum);
[tf,tfw]=min(sum(FPL(:,weizh)));
FINAPL(:,iii)=FPL(:,weizh(tfw));                       %找出 ii 处最优 PL
Plmsum(iii)=msum * b;                                 %此时最优 bsum
pfpacket(:,iii)=bpaket(:,weizh(tfw));
ttPolicy(:,iii)=tPolicy(:,weizh(tfw));
fHj(:,iii)=Hj(:,weizh(tfw));
```

```
fHe(:,iii)=He(:,weizh(tfw));
end
%bpaket=zeros(m,ldP);
[lmsum lmpos]=max(Plmsum)                       %找出所有策略中最大 bsum
weizh2=find(Plmsum==lmsum);
[tf2,tfw2]=min(sum(FINAPL(:,weizh2)));
q1=FINAPL(:,weizh2(tfw2));                      %最终 PL 取值
q2=ttPolicy(:,weizh2(tfw2));% policy
q3=pfpacket(:,weizh2(tfw2));
q4=fHj(:,weizh2(tfw2));
q5=fHe(:,weizh2(tfw2));
q1'
q2'
q3'
% q4'
% q5'
```

附录电子文件